青少年心理自助文库
励志丛书

心 态

千磨万击还坚劲

刘彬彬/著

获得健康，快乐，幸福生活的必由之路！
拥有多彩、绚丽、美妙人生的终南捷径！

中国出版集团 现代出版社

图书在版编目（CIP）数据

心态：千磨万击还坚劲 / 刘彬彬著. —北京：现代出版社，2013.12
（青少年心理自助文库）
ISBN 978-7-5143-1967-5

Ⅰ . ①心… Ⅱ . ①刘… Ⅲ . ①散文集 – 中国 – 当代
Ⅳ . ①I267

中国版本图书馆 CIP 数据核字（2013）第 313639 号

作　　者	刘彬彬
责任编辑	李　鹏
出版发行	现代出版社
通讯地址	北京市安定门外安华里 504 号
邮政编码	100011
电　　话	010 – 64267325 64245264（传真）
网　　址	www.1980xd.com
电子邮箱	xiandai@ cnpitc. com. cn
印　　刷	北京中振源印务有限公司
开　　本	710mm × 1000mm　1/16
印　　张	14
版　　次	2019 年 4 月第 2 版　2019 年 4 月第 1 次印刷
书　　号	ISBN 978-7-5143-1967-5
定　　价	39. 80 元

P 前 言
PREFACE

为什么当今一部分青少年拥有丰富的物质生活却依然不感到幸福、不感到快乐？怎样才能彻底走出日复一日的身心疲惫？怎样才能活得更真实、更快乐？我们越是在喧嚣和困惑的环境中无所适从，越觉得快乐和宁静是何等的难能可贵。其实"心安处即自由乡"，善于调节内心是一种拯救自我的能力。当我们能够对自我有清醒的认识，对他人能宽容友善，对生活无限热爱的时候，一个拥有强大的心灵力量的你将会更加自信而乐观地面对一切。

青少年是国家的未来和希望。对于青少年的心理健康教育，直接关系到其未来能否健康成长，承担建设和谐社会的重任。作为学校、社会、家庭，不仅要重视文化专业知识的教育，还要注重培养青少年健康的心态和良好的心理素质，从改进教育方法上来真正关心、爱护和尊重青少年。如何正确引导青少年走向健康的心理状态，是家庭、学校和社会的共同责任。心理自助能够帮助青少年改善心理问题，获得自我成长，最重要之处在于它能够激发青少年自觉进行自我探索的精神取向。自我探索是对自身的心理状态、思维方式、情绪反应和性格能力等方面的深入觉察。很多科学研究发现，这种觉察和了解本身对于心理问题就具有治疗的作用。此外，通过自我探索，青少年能够看到自己的问题所在，明确在哪些方面需要改善，从而"对症下药"。

我们常听到"思路决定出路，性格决定命运"的名言，"思路"是指一个人做事的思维和发展的眼光，它决定了个人成就的大小；"性格"是指一个人的

前言

1

品格和心胸,做事要成功,做人必先成功。一个做人成功的人,事业才可能有长足的发展。

记得有位哲人曾说:"我们的痛苦不是问题本身带来的,而是我们对这些问题的看法产生的。"这句话正好体现了"思路"两字的含义。有时候我们由于视野的不开阔,看问题容易局限在某个小范围,而自己可能也就是在这个小范围内执意某些观点,因此导致自己无法找到出路而痛苦。如果我们能在面对问题时,让视野更开阔一些,看问题更加深入一些,或许我们会产生新的思路,进而能找到新的出路。

视野的开阔在一定程度上决定了思路的萌发。从某种程度上看,思路已是在你大脑中形成的对问题解决的模型,在思路实施前,自己已经通过自身的知识在大脑中做了模拟实施和预测判断。但无论是模型的形成,还是预测判断,都离不开自身的知识结构。知识结构越完善,自己的视觉就越开阔,就越能把握问题的本质,更加容易萌发新的思路。知识储备的广度在一定程度上决定了思路的高度。

本丛书从心理问题的普遍性着手,分别论述了性格、情绪、压力、意志、人际交往、异常行为等方面容易出现的一些心理问题,并提出了具体实用的应对策略,以帮助青少年读者驱散心灵的阴霾,科学调适身心,实现心理自助。

本丛书是你化解烦恼的心灵修养课,可以给你增加快乐的心理自助术;本丛书会让你认识到:掌控心理,方能掌控世界;改变自己,才能改变一切;只有实现积极的心理自助,才能收获快乐的人生。

心态——千磨万击还坚劲

C目 录
ONTENTS

第三篇　拥有一颗平常心

第四篇　学会给心灵松绑

第五篇　坚定信念,执著心态

第六篇　宽容的心态是一种境界

第七篇　塑造良好的心态

第一篇

心态决定人生

一位哲人说过:"你的心态就是你的主人。"在现实生活中,我们不能控制自己的遭遇,却可以控制自己的心态;我们不能改变别人,却可以改变自己。其实,人与人之间并无太大的区别,真正的区别在于心态。所以,一个人成功与否,主要取决于他的心态。拥有不同的心态,你会有完全不同的世界观。心态积极的人,能够赚更多的钱,拥有更好的人际关系,更健康的身体,过着高品质的生活;心态消极的人,往往忙忙碌碌地劳作,却只能维持生计。心态上这么细小的差异,却造成了人生的大不同。

追求成功的心态

对于那些内心充溢快乐的人们而言,所有的过程都是美妙的。

在追求成功的过程中,很多人都希望自己的一切努力没有白费,最终得到一个令自己满意的结果。期待结果,可以说是人类的一种原始情结。在一路艰辛后获得了成功,人们欢呼雀跃,奔走相告;努力之后遭遇失败,有些人失落无比,感觉上天无路,入地无门。在很多人看来,过程只是一个到达结果的必经之路,结果才是最重要的。于是人们往往被结果所左右,或欢喜万分,或沮丧悲伤,仿佛只有那一个个结果才能决定所有成败。

其实,过程远远比结果更丰厚,更重要。 在生活中,旧的结果总会被新的结果所代替,一个光环总会在另一个更大的光环下失去光彩,而那些到达结果的过程所赋予我们的坚韧、勇敢以及一切磨砺,却能一生与我们相随,并在我们身上不断深化、升华,帮助我们获得人生一次又一次的突破。只有那些过程所带给我们的,才是值得我们享用一生的财富。

没有谁能在奔走于生命之路的过程中就能给自己的人生一个结果,一个人的一生都在经历过程,人生真正的结果需要倾尽一生才能获得。每一个生命生存于世时都无法获得那个能衡量自我生命价值的最终结果,只有在被划上句点时,所有的价值才能被世界所估量和认识,因此我们不必为一些人生路上的成败而情绪不安,烦恼懊悔,犹豫彷徨,举棋不定,因为我们根本不知道人生的结果如何。

生命本就是一个享受苦辣酸甜过程的旅途,时刻注意路旁的小结果,便会削弱我们生命的动力,减缓前进的步伐,使我们的潜力遭到埋没。只有专注地享受其中的过程,一路向前,不为路途上的成功和失败而情绪辗

转,才算不辜负百年人生,最终给人生一个满意的答卷。

世界流行音乐天王迈克尔·杰克逊被誉为目前世界乐坛史上最具影响力的音乐家,他在音乐上的成就被世人评价为:"一直被模仿,从未被超越"。他是世界公认的音乐奇才。不仅如此,他还非常热衷慈善事业,他一生支持着39个固定的慈善救助基金会,是全世界以个人名义援助慈善事业较多的人。除了捐助善款之外,他还斥巨资购置了一座豪宅,并命名为"梦幻庄园",免费向全世界的孩子们开放,他经常将身患疾病的儿童接到自己的梦幻庄园,与他们一起做游戏。为了帮助一个身患重病的男孩,他几乎动用了身边所有的关系,尽自己最大的力量帮助小男孩联系到了最好的医院和最高效的治疗方式,几进鬼门关的小男孩在杰克逊的照顾下幸运地恢复了健康。2003年,当关于自己的负面消息如雪花般铺天盖地时,面对镜头他曾说:"我不关注那些。在我看来,那些很无聊,不是基于事实的,都是来自你知道的荒诞的故事。你见证不到的那些人。每个社区都有一些你不常见到的邻居,于是人们就开始传闲话。你就会看到关于他的故事,就会有传言说他干了这个,做了那个。"在因"假丑闻"而出席法庭前,他跳上法庭门口的汽车大声地歌唱,用独有的舞步和声音歌唱着最真实的自己……2006年,他在慈善事业的捐款累计已达3亿美元,被世人称为:"慈善之王"。2009年,他的骤然离世令全世界悲痛不已,全世界的人如亲人般为他默哀送行,他用一生的时间获得了整个世界的敬仰。

谣言就像黄蜂一样,越是辩解越是难以逃脱,面对巨大的社会舆论,再真实的语言也显得苍白无力。 媒体的疯狂围堵和不明真相的公众舆论,让迈克尔·杰克逊的演艺事业遭受重创,以至于个人形象一度受到公众质疑,令他心灵默默承受无数人的误解。但是对于这些空穴来风的传闻和谣言栽赃于身而滋生出"邪恶结果",面对这些迈克尔·杰克逊却始终保持着淡然和乐观的心态,他在音乐与救助的过程中,享受着本该属于

自己生命本身的价值和意义,正是他在音乐上的巨大付出和对慈善事业的惊人贡献,使他的生命开出了一朵最闪耀世界的璀璨之花,并逐渐结出生命之果。

他以善良的本性和卓越的音乐才能获馈赠给全世界的敬仰,这才是他的生命之果。他的一生不仅是一条有关音乐的奇幻之旅,有关慈善与救助的爱心之旅,更是一本如何做人的真实读本。

生活中的结果并不重要,用美好的心态去享受人生的过程比什么都重要,做好自己,全力以赴,无愧于心,生命终将结出最美丽、最硕大饱满的果实。

做个心态积极的人

西方谚语："有两个囚徒从铁窗朝外望去。一个人看到的是满地泥泞,另一个人看到的却是满天繁星。"拥有不同的心态,你就会有完全不同的世界观。心态积极的人,能够赚更多的钱,拥有更好的人际关系,更健康的身体,过着高品质的生活;心态消极的人,往往忙忙碌碌地劳作,却只能维持生计。心态上细小的差异,却造成了人生的大不同。

心态决定一切。古希腊哲学家亚里士多德说:"**你的心态就是你真正的主人。**"苏格拉底说:"要么你去驾驭生命,要么生命驾驭你。你的心态决定谁是坐骑,谁是骑师。"把握自己的心态,就能把握自己一生事业的方向。

在福建,流传着这么一个故事。大概60年前,福建某个贫穷的农村里,有兄弟两人,受不了穷困,决定离开家乡,到海外去谋生。大哥幸运些,被奴隶般地卖到了美国旧金山市,弟弟被卖到比中国更穷困的菲律宾。

时光飞逝,转瞬间60年过去了。幸运的是,兄弟俩又聚在一起。今日的他们已非同往日。哥哥当上旧金山的侨领,拥有两间餐馆,两间洗衣店和一间杂货铺,而且子孙满堂,有的继承家产,还有的成为杰出的电脑工程师等科技专业人才。而弟弟的成就更大,居然成了一位享誉世界的银行家,拥有东南亚相当数量的山林、橡胶园和银行。

经过几十年的拼搏,兄弟俩都成功了。兄弟聚头,不免谈谈分别以来的遭遇。

哥哥说：我们中国人到白人的社会，既然没有什么特别的才干，唯一有用的是一双手煮饭给白人吃，为他们洗衣服。总之，白人不肯做的工作，我们华人统统做了，生活是没有问题的，但事业却不敢奢望。例如我的子孙，书虽然读得不少，也不敢妄想，唯有安安分分地去从事一些中层的技术性工作来谋生。至于要进入上层的白人社会，相信很难办到。

弟弟却说：幸运是没有的。初来菲律宾的时候，自己净做些低贱的工作，但发现当地有些人散漫、懒惰的习惯，于是便顶下他们放弃的事业，慢慢地不断收购和扩张，生意便逐渐做大了。

兄弟俩的创业史告诉我们，**影响人一生的，绝不仅仅是环境，而是心态，心态控制了个人的行动和思想。**同时，心态也决定了个人的视野、事业和成就。

纳粹德国集中营的一位幸存者维克托·弗兰克尔说过："在任何特定的环境中，人们还有一种最后的自由，就是选择自己的态度。"我们无法改变环境，但我们可以控制自己的心态。如果一个人用积极乐观的心态去面对人生，去接受挑战自我，去应付麻烦事，那么他就已经成功了一半。

一个人能否成功，关键看他的心态。成功者与失败者之间的差别在于：成功者始终用最乐观的精神和最辉煌的经验支配与控制自己的人生；失败者则正好相反，他们的人生是受过去的种种失败与疑虑所引导、支配的。

美国有两位70岁的老太太，一位认为到了这个年纪，可算是人生的尽头，于是便开始料理后事；另一位却认为，一个人能做什么事，不在于年龄的大小，而在于如何想事。于是，她在70岁高龄开始登山，成就斐然，其中几座还是世界上有名的山峰。就在最近，她还以95岁高龄登上了日本的富士山，打破了攀登此山者的年龄纪录。她就是著名的胡达·克鲁斯老太太。

70岁开始登山，这是一大奇迹。但奇迹是人创造出来的。成功人士的首要标志，是他思考问题的方法。胡达·克鲁斯老太太的壮举验证了这一点。

英国著名文豪狄更斯曾经说过："一个健全的心态比一百种智慧都有力量。"这句不朽的名言告诉我们一个真理：你有什么样的心态，就会有什么样的人生。的确，许多成功人士在谈到自己成功的体会时，都有一个共识，那就是人生是好是坏，不是由命运来决定，而是由自己的心态决定的。积极的心态能够激发出一个人所有的聪明才智；而消极的心态，就像缠住昆虫的蛛网，只会束缚人们的才华和前进的步伐。

心态决定思想，思想决定行动，行动决定结果。人生的成败，最终归根于人的心态。

曾经有一位励志大师讲过这么一个故事。

有两个服务于不同制鞋公司的销售员，被派遣到非洲的一个土著聚居区开拓市场。一个销售人员看到这里的情景后沮丧地说："这里没有市场，没有一个人穿鞋子，我真不该到这里来。"另一个销售员却兴高采烈地说："这里没人穿鞋子，太好了！要是每个人都能买一双，那该是多么大的一个市场啊！"于是，后者凭着战胜一切的决心在这个部落推销鞋子。虽然没有达到每人都买一双的目标，但他的韧性和业绩还是令公司对他刮目相看，最后他获得了职务晋升。

积极心态确实可以让人拥有战胜一切的决心。成功学大师拿破仑·希尔就曾说过：成功人士的首要标志，在于他的心态。在我们事业起步、发展的过程中，拥有一个积极的心态，可以让你乐观地面对人生，坚定地迎接挑战自我，这样你就已经成功了一半。

人生在世，不如意事十之八九，事业的发展更是如此。在遇到困难、挫折、麻烦、不幸等人生逆境的时候，有些人的心情开始沮丧，意志开始崩

溃,渐渐漠视自己、迷失方向。如果拥有一个积极的心态,看到事业发展的希望,就可以把握住成功的机遇。

美国首位共和党籍总统林肯,正是凭着积极的心态,在挫折中摸爬滚打,最后成就了自己的梦想。

亚伯拉罕·林肯是美国第16任总统,同时也是首位共和党籍总统。他从1834年开始竞选公职以来,输掉了每一次重大竞选,在事业的征途中,不断遭受到来自社会、家庭的打击。在1854年与1858年竞选伊利诺伊州参议员时,他都以非常小的差距输给了自己的竞争对手。虽然林肯最终在1860年当选美国共和党总统候选人,并在同年11月当选美国总统,但他的反奴隶制立场却受到父系的全部亲戚以及母系亲戚和太太家族中大多数人的反对。南北战争爆发之后,他的大小舅子们全部在南军服役。而战争初期,北军也一直节节败退,直到后来林肯提拔了格兰特将军,才转败为胜,直至几年后迫使南军彻底投降。但是,积极的心态最终让林肯从一个个挫折中挺了过来。

林肯最常挂在嘴边的一句话就是:"上帝一定很喜欢平民,不然他不会造就出这么多平民来。"这种积极的心态,使他不因为自己出身卑微而感到自卑、不因生活坎坷而自暴自弃。他以自己的经历向世人证明:一个木匠的儿子也可以通过个人努力成为美国总统。就连两次击败过林肯的斯蒂芬·道格拉斯在评价这个老对手时也说:"他是他党内强有力的人物,才智超群,阅历丰富,他是西部最优秀的竞选演说家。"

亚伯拉罕·林肯出身贫寒,却成为美国历史最伟大的总统之一。长相丑陋,却迷倒了千百万美国人;因废除奴隶制而与南方作战,遇刺后整个美国都在悼念他。这就是积极心态的魅力所在。

曾经被林语堂称为"不可救药的乐天派"的苏东坡,就曾在《水调歌头·明月几时有》中高唱过:"人有悲欢离合,月有阴晴圆缺,此事古难全。"事业的发展总有不圆满之处,关键就在于保持积极心态,转化挫折为前进的决心。只有这样,才能承受生活的变化,才能给自己更多的希望

和信心，也才能跨过人生的一道道坎，成就属于自己的事业。下面有一些小建议，希望能帮助你建立一个积极的心态。

主动从积极的方面看待人和事。哈佛大学校长艾略特曾在他题为《快乐生活》的演讲中说道："每件事情都具有两面性，我们必须用自己的思想更多地关注好的一面。"

不要总以批评的态度挑剔人和事。美国钢铁大王安德鲁·卡耐基能够成功，关键就是他用非常积极的心态与人相处，这使他与其他人的合作都非常和谐。卡耐基就曾这么告诉过我们："与人相处，就如同在泥里挖金子，你很明确，你现在挖的是金子，而不是泥。如果对合作者我只是寻找他们身上的缺点，那么我会被气死，并且一无所有。相反，我知道每个人都有积极的一面，这是我要发现的。也许它埋在土里很深，但只有努力，我就一定会发现的。"所以，赶紧用积极的眼光发现周围人的优点，为自己创造一个和谐的事业发展环境吧。

积极心态可以让你拥有战胜一切的决心。在心理学中，有一个著名的理论：问题不在于压力本身，而在于对待压力的态度。当一条路走不通时，积极的人会用坚忍的意志和百倍的决心，寻求解决困难的方法。所以，在青年时期，如果遇到事业上的挫折，不要惊慌失措，也不要低落沮丧，要用积极的心态战胜一切吧！

心灵悄悄话

生活是一面镜子，你对它笑，它就对你笑；你对它哭，它也对你哭。无论生活中有哪些不幸和挫折，你都应该以欢悦的态度、达观的性格微笑着面对它。

消极心态需要及时调整

积极的心态,可以挖掘你自身的潜能,可以培养你的创造力,最终使你朝着成功一步步地迈进。

有一个做官的人叫作乐广。乐广有一个非常亲密的好友,很长时间没有来玩了。有一天,他终于又来了,乐广问他为什么好久没有来,朋友回答说:"那天在你家喝酒,看见酒杯里有一条青皮红花的小蛇在游动。我当时恶心极了,想不喝吧,您又再三劝饮,出于礼貌,只好十分不情愿地饮下了酒。从此以后,我就总是觉得肚子里有条小蛇在乱窜,想要呕吐,什么东西也吃不下去,到现在病了快半个月了。"乐广心生疑惑:酒杯里怎么会有小蛇呢?

于是,乐广斟了一杯酒,放在桌子上,移动了几个位置,终于看见挂在墙上的那张雕弓的影子清晰地投映在酒杯中,随着酒液的晃动,真像一条青皮红花的小蛇在游动。乐广指着杯子问朋友说:"你再看看酒杯中有什么东西?"那个朋友低头一看,立刻惊叫起来:"蛇!蛇!又是一条青皮红花小蛇!"乐广哈哈大笑,指着墙上的雕弓说:"你抬头看看,那是什么?"朋友看看雕弓,再看看杯中的蛇影,恍然大悟,顿时觉得浑身轻松,心病消了,久治不愈的心病顷刻间就好了。

这就是"杯弓蛇影"的故事。它说明了一个道理:如果你疑神疑鬼,那么消极的心态会让你烦恼不堪;当心病消除,心态变得积极起来后,一切又都豁然开朗。可以说,心态对我们每个人的影响是不可忽视的。所

以，千万别让消极心态将你拖入谷底。

在此之前，我们已经讲过积极心态对人生发展、事业成功的重要作用。消极心态只会使人保守、自卑、怀疑、恐惧、抱怨、指责，结局只有一个——永远的失败。

消极心态对我们人生的阻碍、束缚，通过与积极心态的比较就可见一斑。一个人只有排除萦绕在心头的消极心态，才能朝着人生的目标、事业的方向坚定前进。否则，就很可能被消极心态拖入谷底，终生碌碌无为。

人的一生中，困难、挫折、不幸、失败……都是无法避免的。面对失败，有些人心情沮丧，意志崩溃，渐渐地迷失了方向。而有些人却依然能够保持良好的心态，相信失败总会过去，相信阳光总会再来。在挫折和困苦面前，微笑是乐观的表现，是坚强的象征，更是人生的希望。

失败时，就用笑容给自己取暖。在人生的挫折和低谷中，要看到积极的一面，怀着坚定的信心一路披荆斩棘。无论遇到多大的不幸和挫折，你都应该以欢悦的态度、达观的性格微笑着面对它。

苏东坡的一生是十分坎坷的，在他42年的官宦生涯中，有三分之一的时间处于"流放"的动荡生活中。年过不惑时，他还因"乌台诗案"被贬到黄州。异常坎坷的仕途之路并没有击倒苏东坡，他豁达地接受了这一切，并将自己的坎坷遭遇转化为文学创作和享受生活的动力。

被贬谪期间，苏东坡纵情山水，倾心于创作。名作《念奴娇》《水调歌头》等名篇，将北宋诗文革新运动的精神扩展到词的领域，扫除了晚唐五代以来的传统词风，开创了与"婉约派"并立的"豪放派"词风，扩大了词的创作题材，丰富了词的意境。刘辰翁就曾说："词至东坡，倾荡磊落，如诗，如文，如天地奇观。"

人的一生中总会有不完满之处，面对失败，关键在于保持乐观向上的心态，并将其转化为前进的动力。拿破仑说："不会从失败中找寻教训的

人,他们的成功之路是遥远的。"只有坦然面对失败,并在失败中总结、思考,才能跨过人生的一道道坎,成就属于自己的事业。

马克·吐温说:"人生在世。绝不能事事如愿。遇见了什么失望的事情,你也不必灰心丧气。你应当下个决心。想法子争回这口气才对。"

> 面对失败,悲观沮丧是解决不了任何问题的。只有用微笑给自己取暖,用思考和努力走出失败的沼泽,才能走向成功。

好心态是你成功的助推器

信念是一切成就的源泉,是排除万难的动力。常言道:"你相信自己行,你就行;你认为自己不行,那么你就肯定会失败。"信念能使人甘于淡泊,经受各种考验而成就大事业。

公元前490年,波斯国王大流士一世率领大军在雅典城东北60公里的马拉松登陆,亡国的危险笼罩着整个雅典城。后来,雅典的精锐部队在米勒狄的率领下伏击波斯军,把波斯军打得落花流水。将军选中了斐力庇第斯这位长跑能手将喜讯送回去,他虽然在战场上受了伤,但还是毅然接受了任务。他从马拉松跑到了雅典广场,向焦急的人们说了一句:"我们胜利了!"然后倒地牺牲。

为了纪念斐力底第斯,后人以马拉松比赛的方式为斐力庇第斯树立起了信念的丰碑——任何人只要具有一种坚定的信念,那么任何艰难困阻都不是问题。诺贝尔文学奖获得者温塞特曾说:"如果一个人有足够的信念,他就能创造奇迹。"斐力庇第斯正是靠着坚不可摧的信念,才创造了马拉松奇迹。

没有信念的民族和国家就没有未来,没有信念的人是不会有所作为的。凡是攀上事业巅峰的人,都是信念坚定的人。

美国第37任总统尼克松正是凭借坚定的信念,走出逆境,攀上了事业的巅峰。尼克松家境贫寒,生活条件特别艰苦,一直是半工半读。1937

年，尼克松大学毕业后，尽管成绩名列前茅，但他并未得到命运之神的恩宠，找工作四处碰壁。无奈之下，他只能离开自己向往的大城市纽约，回到了老家惠蒂尔。尽管前途茫茫，但尼克松从未放弃。为了获得州律师资格，他花了6个星期准备，攻读那些他从未学过的东西，最终通过州律师资格考试，开始在惠特尔当律师。

1942年，尼克松去海军服役，不到4年。被升为海军少校。1946年，尼克松复员，当选为美国众议院共和党议员，开始步入政界。1950年，当选为美国联邦参议员。1952到1956年，尼克松两次当选副总统。几经磨难、痛苦，尼克松用信念的力量敲开了命运的大门。

尼克松的日子并未因此而变得一帆风顺。1960年，尼克松参加总统竞选，惨败。竞选双方的选票是有史以来最接近的一次。如果能在伊利诺伊、密苏里、特拉华达和夏威夷再获得11085张选票，那么美国历史就会改写。这使尼克松一想起来就觉得"不是滋味"，1962年，尼克松遭遇了又一次更加惨重的失败——竞选加州州长的失败。尼克松责骂了新闻界，因此也遭到了以美国广播公司为首的新闻界的报复。新闻媒介的宣传几乎结束了他的政治生命和前途，可以说，尼克松的人生陷入了低谷。

但凭借坚定的信念，历经失败的尼克松并未因此而气馁。他挂牌开张当律师，加强对金融界和企业界的了解；几次亲赴越南了解局势，撰文写稿发表自己对国家政策的看法。经过8年的在野生活，尼克松终于坐上了总统宝座。

尼克松说："失败绝不会是致命的，除非你认输。"有着必胜的信念，尼克松扫除了事业上一个又一个障碍。经受了一次又一次打击，他都屹立不倒，最终取得成功。"失败是成功之母"这句古训告诉我们：在逆境中不灰心，失败中不气馁的人，才有成功的希望。

黑人领袖马丁·路德·金留下一句很激励人心的话："这个世界上，没有人能够使你倒下，如果你自己的信念还站立着。"我国现代女作家丁玲也说："人，只要有一种信念，有所追求，什么艰苦都能忍受，什么环境

也都能适应。"是的,**信念坚定的人能克服万重困难,他们是永远不会被击败的。**

世界知名的电影明星施瓦辛格在谈到自己成功的秘诀时,只用了一句话来概括,那就是:"信念是引导我走向成功的起点。"坚定的信念是攀上事业巅峰的助推器。唯有坚定的信念,才能将看起来不可能的事情变为现实。

如果说人生是参天的大树,那么信念就是挺立的树干。树干一倒,大树则倾;信念一失,人生则危。信念是一种强大的内在力量。身处逆境,它能帮助你鼓起前进的船帆;遇到厄运,它能召唤你鼓起生活的勇气:面临诱惑,它能促使你保持崇高的心灵。在人生的旅途中,信念能为我们保驾护航。

泰戈尔说:"信念是鸟,它在黎明前的黑暗中,感觉到了光明,唱出了歌。"信念是根脊梁,支撑着一个不倒的灵魂,支撑着人生的大厦。只要有信念就会有希望。人生的道路上布满荆棘,充满坎坷。**唯有坚定的信念,才能让人看到希望的曙光,披荆斩棘,奋勇向前,冲过重重障碍,取得成功。**

有一支探险队,在一片茫茫的沙漠上负重跋涉。阳光炎热,风沙满天飞舞,而探险队员没水了。水是他们穿越沙漠的保证,没水是无论如何部走不出沙漠的。一股绝望的情绪开始在队伍中散开。这时候,探险队的队长说:"这里还有一袋水。但是在穿越沙漠以前,谁也不能喝。"

这个讯息很快传遍全队。一股希望的生机在探险队里默默地传播开来,也为濒临绝望的队员们带来力量。探险队终于突破重重困境,穿越沙漠,走出死地,他们喜极而泣。此时,有一个队员打开队长的水袋,倒出来的竟是沙子!

队员们因为信念活了下来。**有了信念,即使前方的风浪再大,你也会执着追求,无怨无悔,最终突破藩篱,成就自己的梦想。**

拿破仑·希尔是家喻户晓的成功学大师。他一生执着坚定，历经坎坷。从商业学校毕业后，他的第一份工作是速记员兼书记员，这工作一干就是5年。由于他总是任劳任怨、不计报酬，所以在这5年里，他晋升得很快，得到的收入超过了他那个年龄的人通常的标准。但此后不久，他的老板宣布公司破产了，希尔第一次遭遇到了真正的挫折，他成为一个失业者。

　　拿破仑·希尔并没有被困难吓倒。他的第二份工作是担任南方一个木材公司的销售经理。虽然拿破仑·希尔并不懂得木材方面的知识，对销售管理也不甚了解，然而他凭着自己"任劳任怨，不计报酬"的信条，总是主动去找工作来做。因此，在第一年里，他的薪水就增加了两次。由于他在管理方面的非凡表现，老板邀请他合伙。起初，他们的合作非常成功，但没过多久，一场大灾难降临到希尔头上。由于在股市中投资不慎，加上经济危机影响，他的事业再次遭遇了挫折。

　　此后几年中，拿破仑·希尔一直没有取得多大的成就。但他始终没有放弃对成功的追求，没有对生活失去希望。1918年12月，第一次世界大战结束了。虽然当时的拿破仑·希尔不名一文，可他还是非常高兴，因为人类恢复了理智，文明得以保全。希尔百感交集地站在办公室的窗前，人生前30年的历程，辛酸与甜蜜，高兴与悲伤，全都浮现在他眼前。突然间，拿破仑·希尔意识到：自己曾经历了这么多次的失败，而这些失败都是不可多得的财富。在长达30年的生命历程中，自己虽然经历了许多挫折，可是也在不断抛弃无知的自己，同时吸取自己所急需的生活经验和很多异常宝贵的知识，这些东西是不可能通过其他办法获得的。

　　当意识到这些之后，希尔变得更为理智和成熟，并开始真正走上了成功之路。拿破仑·希尔开始总结自己一生的经历，创造性地建立了全新的成功学，影响了许许多多的人。他成为世界上最伟大的励志大师，在人际学、创造学、成功学等领域比戴尔·卡耐基有着更高的地位。

罗曼·罗兰曾说过:"人生最可怕的敌人就是没有坚强的信念。"只要信念的旗帜不倒,人是不可能被打倒的。拿破仑·希尔在遭受一次又一次的挫折时,始终保持信念,永不放弃,最后成就了自己的事业。信念能帮助你克服一切困难,立于不败之地。信念能给你希望的曙光和奋斗的动力。

人生如歌,信念如调。没有调的歌永远不能成为真正的歌,没有信念的人生永远都是没有意义的人生。人生需要信念,有了信念,你才可以拨开云雾,见到光明;有了信念,你才可以乘风破浪,驶向成功的彼岸。

信念是一支火把,它能最大限度地燃烧一个人的潜能,照亮前进的道路,从而实现伟大的理想。成功者几乎都是敢于、善于用信念为自己鼓舞斗志的勇士。

平衡你的内心

诺贝尔文学奖得主奥尔罕·帕慕克说:"嫉妒是一种黑暗的情绪。"那么,什么是"嫉妒"呢?

《心理学大辞典》中说:"嫉妒是与他人比较,发现自己在才能、名誉、地位或境遇等方面不如别人,而产生的一种由羞愧、愤怒、怨恨等组成的复杂的情绪状态。"嫉妒往往产生于利益相关者之间,一般为对相应的幸运者或潜在的幸运者怀有的一种冷漠、贬低、排斥甚至是敌视的心理状态。

嫉妒是一种不健康的心理,是消极的情感,是心灵的地狱。嫉妒的人总是拿别人的优点来折磨自己。嫉妒的人往往心胸狭隘,容不下比他强的人。看到周围的人有超过自己之处,总是要设法贬低,甚至会设置陷阱去坑害对方。陷入嫉妒泥潭的人,往往无法得到快乐。

美国的"钢铁大王"安德鲁·卡耐基,1835年出生于苏格兰,12岁的时候跟随家人一起移居到美国。在16岁的时候,他成为宾夕法尼亚州铁路上的一名电报员,一直干了十几年。年轻时候的卡耐基,嫉妒心十分强烈。他嫉妒铁路上那些薪水优厚的高级职员,常常为此辗转反侧,夜不能寐。他甚至恨恨地想:如果有朝一日自己成为铁路上的负责人,一定会把这些整日里趾高气扬,对自己这样一个小电报员不屑一顾的人们都开除掉。

直到有一天,他得知了世界上最庞大的金融帝国的统治者——罗斯柴尔德家族传奇的发家史。该家族的创始人梅耶·罗斯柴尔德于1744

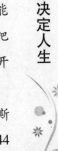

第一篇　心态决定人生

19

年出生在法兰克福的犹太人聚居区。在身为流浪金匠兼放贷人的父亲去世后,年仅13岁的罗斯柴尔德来到汉诺威的欧本海默家族银行当学徒。几年以后,他回到法兰克福,继续做父亲的放贷生意,并且把自己的姓氏改为罗斯柴尔德(德文"红色盾牌"的意思)。工于心计的梅耶很快就把生意做得越来越红火,直到一手一脚地建立起全球第一家跨国公司,首创国际金融业务,成为"国际金融之父"。

安德鲁·卡耐基再一次失眠了,但这次绝不是因为嫉妒,而是愧疚和兴奋。他终于认识到,以前的自己是多么愚蠢、可笑,不断地把嫉妒的烈火喷向别人,却不知道自己也在被这烈火吞噬着、煎熬着。那么,与其把精力都用来嫉妒别人,为什么不能用来奋斗呢?

一夜未眠的卡耐基终于想通了。他决心改变自己的心理状态,不再去嫉妒别人,而是扎扎实实地靠自己的努力来改变人生。从此,他变得勤奋起来,刻苦学习并逐步掌握了现代化大企业的管理技巧。与此同时,他还抓住时机,小试牛刀,参与投资业务,由此慢慢地积累起资本,为他以后开办钢铁企业奠定了坚实的经济基础。

著名哲学家斯宾诺莎说:"嫉妒是一种恨。此种恨使人对他人的幸福感到痛苦,对他人的灾殃感到快乐。"著名作家列夫·托尔斯泰也说:"嫉妒是可耻的,人是应当信赖别人的。"

其实,许多人都会有不同程度的嫉妒心,不过大多数人能在产生嫉妒心理时,借助丰富的生活经验,做出正确的判断,从而理智地控制自己的情感。只有少数人由于消极情感失控,采取不良的行为寻求自己的心理平衡,甚至走向犯罪道路。这样做,最终只会使自己陷入痛苦的深渊。以下两点可以帮助你控制嫉妒。

正确认识自己与他人。一方面,你要看到自己的长处。聪明人会扬长避短,寻找、开拓有利于充分发挥自身潜能的新领域,这样在一定程度上可以补偿先前没能满足的欲望,缩小与嫉妒对象的差距,从而达到减弱乃至消除嫉妒心理的目的;另一方面,要经常将心比心。换位思考,就能

收敛自己的嫉妒言行。

　　寻求正确的发泄途径。一方面,要积极参与各种有益的活动,感受帮助他人的快乐,转移注意力,让嫉妒的毒素散去;另一方面,要发泄自己的情绪。可以找知心朋友或亲人痛痛快快地说个够,他们能帮助你阻止嫉妒朝着更深的程度发展。

　　当然,最重要的是要加强自身修养,开阔视野,做一个豁达开朗的人。要明白嫉妒是可耻的,是一种负面的情绪,对自己和他人都是有害的。世上没有两片相同的叶子,每个人都各有优缺点。正确看待自己,也客观看待别人的长处。

　　有人说,嫉妒是有力量的。是的,嫉妒可以变成上进的动力。**一个人的成功,不仅要靠自身的努力,更要靠大家的帮助。嫉妒只会损人损己,竞争会带来共赢。**所以,每一个人都要平衡自己的内心,千万不能陷入嫉妒的泥潭里不能自拔。

　　强者用行动控制情绪,弱者任情绪控制行动。易怒是一种低素质的表现,只有弱者才会受怒气摆布。一个人连自己的情绪都控制不了,又谈何有所作为? 大凡有所成就的人,都能够控制自己,不让怒气为所欲为,因为怒气就像一条毒蛇,伤人伤己。

　　人之所以受到尊重,在于他的克制。克制对一个追求成功的人来说,是必备的素质。克制并不是束缚的锁链,而是强韧的护身甲,虽然披挂上阵不免有些累赘,但是它能让你免遭意外的伤害。一个人越想受到尊重,越要注意克制自己的日常言行。**没法克制住自己怒气的人,往往会铸成大错。**

　　有一对年轻的夫妇,生活很幸福,可是妻子因为难产死去了,不过孩子还是活了下来。丈夫一个人既工作又照顾孩子,有些忙不过来。可是他找不到合适的保姆照看孩子,于是训练了一只狗。那只狗既听话又聪明,可以帮他照看孩子。有一天,丈夫要外出,像往日一样让狗照看孩子。他去了离家很远的地方。所以当晚没有赶回家。第二天一大早,他急忙忙往家里赶。狗听到主人的声音，摇着尾巴出来迎接。可是他却发现狗满口是血，打开房门一看，屋里也到处是血，孩子居然不在床上……他全身的血一下子都涌到头上，心想：一定是狗兽性大发，把孩子吃掉了！盛怒之下，他拿起刀把狗杀死了。就在他悲愤交加的时候，突然听到孩子的声音，只见孩子从床下爬了出来。他感到很惊讶，再仔细看了看狗的尸体，这才发现狗的后腿上有一大块肉没有了，而屋门的后面还有一只狼的尸体。原来是狗救了小主人，但它却被主人误杀了。年轻人懊悔不已。

富兰克林说得好，愤怒是"起于愚昧，终于悔恨"。遇事不分青红皂白地大发雷霆，发泄自己心中的怒气，等到冷静后了解事情的真相时，轻者发现自己的行为并不适当，重者如年轻人一样，遗憾终生。控制住情绪，不让怒气为所欲为，这是每个人都应该警醒的。苏格拉底说："在你发怒的时候，要紧闭你的嘴，免得增加你的怒气。"当你发怒时，应该理智地暂时克制一下自己，以免怒气扩大而一发不可收拾。

古罗马哲学家塞涅卡说："怒气犹如重物，将破碎于它所坠落之处。"《圣经》也说：忍耐能使灵魂宁静。不管你是谁，如果你缺乏忍耐就将丧失灵魂。人要学会忍耐，学会控制自己的怒气，绝对不能像蜜蜂那样，把整个生命用在对敌人的一蜇中。一失足成千古恨。千万不可因为自己的怒气造成恶果，让自己遗憾终生。

古人云："火大伤肝，气大伤身。"怒气对自己的身体会有很大的伤害。西方谚语说："生气是拿别人的过错来惩罚自己。"按照病理学原理，发怒时，人体内会产生毒素，严重影响人的健康。所以，怒气对自己是有百害而无一利的。

想要杜绝发怒是不可能的，但可以减少发怒的频率及程度。以下几点建议，可以帮助你掌握好情绪的按钮，跨越怒气的鸿沟。用积极的思维方式，让自己快乐起来。

易怒的人往往都是心情抑郁，闷闷不乐的人。乐天派的人往往都是很难生气的。所以，想控制自己的情绪，不让怒气恣意妄为，最好的办法

就是让自己快乐起来。这就要求我们在生活中用积极的思维方式去看待一切。

有一个老太太时常不快乐。原来，她有两个儿子，一个儿子是卖伞的，另一个是染布的。天上下雨，她焦虑，大儿子的布怎么晾得干啊？天晴了，她担心，二儿子的伞怎么卖得出去？有一个智者对她说：你换一种思维吧，下雨，你应该高兴二儿子的伞卖得出去。天晴，大儿子的布晾得干，也应该高兴。老太太以后果然过得很开心。

换一个角度，用一种积极的方式思维，往往能化忧愁为喜悦。适当地发泄，不让怒气堆积到无法控制。

生活再乐观积极，怒气还是不可避免的。合理的宣泄能够及时排解心中的怒气，不让它失去控制。你可以找朋友、亲人述说，用语言来发泄心中的不良情绪，保持心态平衡，也可以跑到一个空旷无人的地方大声叫喊来发泄，或者去运动。当然，你也可以记日记或者大吃一顿。反正只要是你觉得有助于排解心中的怒火，能够发泄的方式都可以。适当地发泄，于己于人都很有好处。

心灵悄悄话

最关键的在于加强自身的修养。不以物喜，不以己悲，尽量不要受到外界的事物干扰；以一种豁达开朗的心态去面对生活中的琐事，自然就能把握好情绪按钮，跨越怒气的鸿沟。

把心里的不痛快说出来

在日常生活中,有的人努力去压抑自己的怒气,但经常是"才下眉头,却上心头"。在气愤的情况下,如果一味地控制自己、封闭自己、忍耐、退让、长期积郁,都会造成身心伤害。及时排解心中的怒气,对你的身心都有好处。

某公司董事长看球太入迷,以致忘了谈判时间。为了不迟到,他在公路上超速驾驶,结果被警察开了罚单,最后还是误了生意。这位老总愤怒至极,回到办公室,气不顺,将销售经理叫到办公室训斥一番;销售经理挨训之后,气急败坏地走出老总办公室,将秘书叫到自己的办公室并对他挑剔一番;秘书无缘无故被人挑剔,自然是一肚子气,故意找接线员的茬;接线员无可奈何地回到家,对着自己的儿子大发雷霆;儿子莫名其妙地被父亲痛斥,也很恼火,便将自己家里的猫狠狠地踢了一脚。

这是生活中著名的"踢猫效应"。人们在受到挫折、委屈时,心里面很不舒服,总想找人发泄心中的怨气。由于没有适当的排解途径,怒气产生了连锁反应。选择适当的发泄方式,才能避免"踢猫效应"的产生。当然,踢猫是不妥的,我们可以找到更合适的发泄方式。

当你遇到不顺心的事,要及时地把心中的怒气发泄出来。 俗话说:"两个人在一起,一份快乐变成两份快乐,一份忧愁变成半份忧愁。"倾诉能够排解你内心的怒气,所以,当你怒气冲天时,要记得倾诉。

每个人都是自己最好的医生,最亲密知心的朋友。所以,向自己倾诉

是很有效的排解方式。你可以记日记，可以写书信，也可以大声地说出来。

美国总统林肯正在办公室整理文件，陆军部长斯坦顿气呼呼地走了进来，一屁股坐到椅子上，一句话也不说。从以往的经验来看，林肯知道他肯定是又被人指责了。"怎么了，发生了什么事？给我说说，说不定我能给你出出主意。"林肯笑着对斯坦顿说。

斯坦顿像一下子找到了发泄的对象，对林肯一阵咆哮："你知道吗？今天有位少将竟然用那种口气和我说话，那简直是侮辱，他所说的事根本就不存在啊！"他满以为林肯会安慰他几句，痛骂那名少将。

没想到林肯并没有这样做，而是建议斯坦顿写一封信回敬那位少将的无礼。"你可以在信中狠狠地骂他一顿，让他也尝尝被指责的滋味。"林肯笑着说。

"还是你想得周到，我非得大骂他一顿不可，他有什么权利指责我呢？"斯坦顿高兴地说。

斯坦顿立刻写了一封措辞激烈的信，然后拿给林肯看。林肯看完以后，对斯坦顿说："你写得太好了，要的就是这种效果，好好教训他一顿。"说完就把信顺手扔进了壁炉。斯坦顿责问林肯："是你让我写这封信的，那你为什么把它扔进了炉子里呢？"林肯回答说："难道你不觉得，写这封信的时候，你已经消了气吗？如果还没有完全消气，就接着写第二封吧。"斯坦顿这时才发现自己的气已经消了。

写信骂那些令自己生气的人，其实就是跟自己倾诉委屈与不满。因为自我最能理解自己心情的人，写信时能产生共鸣。哲学家笛卡尔说："不求改变命运，只求改变自己。改变你所能改变的，接受你所不能接受的。这是很重要的、很有用的人生智慧。"当你生气时，可以跟自己倾诉，排解内心的怒气。

培根说得好："最能使人心灵健康的药就是朋友的忠言和规谏。"你

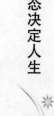

可以向亲朋好友倾诉自己的愤怒,可以得到别人的理解和开导,如此能极大地减少自己的怒气。

你向他人倾诉,需要选择合适的环境和时间,合适的对象。倾诉无非是要找到知音,能与自己产生共鸣,从而化解自己心中的怨气,所以应该找跟自己关系亲密的人。

著名心理学家马斯洛曾经说过:"心若改变,你的态度跟着改变;态度改变,你的习惯跟着改变;习惯改变,你的性格跟着改变;性格改变,你的人生跟着改变。"屋宽不如心宽,千万别做拿别人的过错惩罚自己的傻事。你要改变一切,先学会用倾诉消除心中的怒气。

吉柏和马沙是朋友。有一次,他们一起去沙漠旅行。两人行至一处山谷处,马沙失足滑落,幸而吉柏拼命拉他,才将他救起。马沙于是在附近大石头上刻下:"某年某月某日,吉柏救了马沙一命。"两人继续走了几天,来到一处河边,为了一件小事吵了起来。吉柏一气之下打了马沙一耳光,马沙跑到沙滩上,写下"某年某月某日,吉柏打了马沙一耳光。"当他们旅游回来后,吉柏好奇地问马沙:"为什么要把救你的事刻在石头上,而把打你的事写在沙上?"马沙回答:"我永远感激你救我,至于你打我的事,我会随着沙滩上字迹消失而忘得一干二净。"吉柏很感动。

记住别人的优点,忘记别人的缺点,这是智者的做法。

人无完人,每个人都有自己的优点和缺点。我们都应该宽容地接纳别人的缺点。多一分宽容的胸襟,就会促使事情向好的一面转化,所谓"化干戈为玉帛"。

古人云:"海纳百川,有容乃大;壁立千仞,无欲则刚。"意思是说,能够宽容地接纳别人的缺点,不与别人计较的人,都是豁达开朗的人。他们拥有博大的胸襟,能赢得别人的尊敬和爱戴。

纳尔逊·曼德拉因为领导南非黑人反对白人的种族隔离政策而入

狱。白人当权者把他关在荒凉的大西洋小岛——罗本岛上27年。当时曼德拉年事已高，但白人当权者依然像对待年轻犯人一样，对他进行残酷虐待。罗本岛上布满岩石，到处是蛇。曼德拉被关在集中营一个"锌皮房"，白天打石头，将采石场的大石块砸成石料。他有时要下到冰冷的海水里捞海带，有时采石灰。每天早晨他和其他犯人排队到采石场，然后被解开脚镣，在一个很大的石灰石场里，用尖镐和铁锹挖石灰石。因为曼德拉是要犯，看管他的看守就有三个人，他们总是寻找各种理由虐待他。

曼德拉出狱后，竞选南非总统并成功当选。1991年，南非总统就职仪式开始后，曼德拉起身致辞，欢迎来宾。他依次介绍了来自世界各国的政要之后，缓缓站起，恭敬地向3个曾看押他的看守致敬。原来他把当年那3个看守也请来了。

曼德拉向朋友们解释说，自己年轻时性子很急，脾气暴躁，正是狱中生活使他学会了控制情绪，因此才活了下来。牢狱岁月使他学会了如何处理自己所遭遇的痛苦，所以他要特别感谢他们。

美国著名的成功学大师卡耐基也用宽容赢得了他人的尊重，化解了许多不必要的争端。有一次，他在谈论一本名著的作者时，由于不小心，他两次把这位作者的故居说错。结果，卡耐基的错误遭到了不少人的批评。一位女士写来一封辱骂性的信，卡耐基几乎快被激怒了。他虽然在地理上犯了一个错误，但这位女士在礼节上犯了一个更大的错误。可是，卡耐基并没有回击那位女士，他知道相互指责和争论是毫无意义的。自己错了，就应该向别人承认错误，这才是最好的策略。于是他在广播里向听众致歉，还特意给那位辱骂过他的女士打电话，向她承认错误并表示歉意。后来，那位女士反而为自己写的那封信而感到惭愧。她说："卡耐基先生，您一定是个大好人，我很乐意和您交个朋友。"就这样，卡耐基用自己的宽容化解了矛盾。

那位女士没有礼貌，但卡耐基并没有与之计较，而是大度地承认自己的错误，最终用宽容的态度感化了那位女士。对别人的缺点要包容，只有包容才会让人有空间改过。

　　指责和批评不但不会让人改过，只会让人更难堪。

　　常言说得好："当你伸出两只手指去谴责别人时，余下的三只手指恰恰是对着自己的。"所以，对别人不要百般挑剔，随意指责，应当学会宽容地接纳别人的缺点。

　　正如曼德拉所说："感恩与宽容常常源自痛苦与磨难。必须通过极强的毅力来训练。"宽容他人并不容易，一旦宽容地接纳他人的缺点，才能让自己获得更良好的人际关系。

学会体谅和理解

左右逢源，方能诸事遂愿。这是因为做事左右逢源的人，就会有许多朋友，而一个朋友一条路，路子多了，事好办，这是人所共知的浅显道理。所以，**为人处世要做到有肚量、能容忍，互相体谅、互相理解，凡事求大同，存小异，万不可处处较真，有时睁一只眼，闭一只眼，实属处世良策。**

在一次舞会上，有个矮个子的男士，邀请一位身材高挑的女孩跳舞，那女孩拒绝道："我从不与比我矮的男人跳舞。"男士听了淡淡一笑，自嘲道："我是武大郎开店，找错了帮手！"男士潇洒风度不仅化解了自己的窘态，保持了心境的平衡，而且还把尴尬抛给了那个伤害自己的女孩。如果当时，那位男士态度较真，和那位姑娘生气地理论一番，可能会发生一场争吵，甚至对骂就会上演，最终弄得双方都不愉快。在公共场所遇到不顺心的事，实在不值得生气。素不相识的人冒犯你肯定是有原因的，不知哪一种烦心事使他这一天情绪恶劣，行为失控，正巧让你赶上了，所以我们应宽大为怀，不予计较。

在外不易与人较真，在家里就更不能凡事较真。家里是休闲放松的港湾，尽享天伦之乐的地方，干嘛要事事掂量，处处谨慎呢？那实在是太累了！李春夫妇近段时间关系紧张，他为了挽回处于危机的婚姻，相约做一次浪漫之旅，如果能找回感觉就继续生活，否则就友好分手。

李春夫妇来到一条南北走向的山谷，山谷并无特别之处，只有一处引起了他们的注意：它的西坡上长满了松柏及其他树种，而东坡却只有雪松。

因为当时正下着大雪,他们就支起了帐篷。不久,他们发现了一个奇怪的现象:东坡上的雪总比西坡上的雪来得大,来得密,不一会儿,雪松上就积了厚厚的一层雪。而当雪积累到一定程度时,雪松富有弹性的枝丫就会向下弯曲,直到雪从枝上滑落,才会反弹而起。这样反复的积压、弯曲、脱落,雪松竟一直完好无损。而西坡由于雪下的一直不大,便没见什么大雪压弯枝头的现象……

　　"要是其他的树碰到这种情况,树枝可能早就被压断了!"妻子把这一发现告诉了丈夫,"东坡肯定也长过其他的树种,只是不会弯曲才被大雪摧毁,而慢慢死去、消失了。"丈夫点头称是。然后,两人都陷入了深思……

　　少顷,他们好像都明白了什么道理,两人紧紧地拥抱在一起……夫妻之间,应该像雪松那样在遇到承受不了的压力时弯下身来,多些宽容多些谅解,彼此释下心灵的盔甲,避免情感被压断的结局。弯曲,并不是低头或失败,而是一种和谐、有弹性的生活艺术。

　　如果我们明确了哪些事情可以不认真,可以敷衍了事,我们就能腾出时间和精力,全力以赴认真地去做该做的事,我们成功的机会和希望就会大大增加;与此同时,由于我们变得宽宏大量,人们就会同我们交往,我们的朋友就会越来越多。事业的成功往往伴随着社交的成功,应该是人生的一大幸事。

　　有位智者说,大街上有人骂他,他连头都不回,他根本不想知道骂他的人是谁。因为人生如此短暂和宝贵,要做的事情太多,何必为这种令人不愉快的事情浪费时间呢?这位智者的确修炼得颇有层次了,知道该干什么和不该干什么,知道什么事情应该认真,什么事情可以不屑一顾。要真正做到这一点是很不容易的,需要经过长期的磨炼。

　　首先需要有良好的修养、善解人意的思维方法,并且需要从对方的角度设身处地地考虑和处理问题,多一些体谅和理解,就会多一些宽容,多一些和谐,多一些友谊。

搞关系需要灵活一点，做人不要太刻板。没有不能交的朋友；你看不顺眼，或话不投机的人并不一定是"小人"，甚至还有可能是对你有所帮助的君子，你若拒绝他们，未免太可惜了。

俗话说："朋友多了路好走。"不管什么人，只要在社会中生存，就离不开朋友的帮忙。虽然有的朋友也不见得能帮你什么忙，甚至还会拖累你，但没有朋友却会无路可走。所以，人要广交朋友，结大关系网并好好运用朋友的智慧。

上述道理相信没有人会反对，但有一种情形可不是人人能做到的，也就是：保持交朋友的弹性。掌握好交朋友的原则，要有如下可供借鉴的良好的心态：

大部分人交朋友都"弹性不足"，因为他们交朋友有太多原则：看不顺眼的不交；话不投机的不交；有过不愉快的不交。如此一来，所交到的朋友就非常少了。

当然，普通朋友和"知己"还是要有所分别的。有人会认为，话不投机又看不顺眼还要"应付"他们，这样做人太辛苦了。做人本来就是很辛苦的，但要做一个好人就是要有这样的功夫，并且不会让他们感觉你在"应付"他们。要做到这样，唯有敞开心胸，别无他法。

做人不能玩世不恭、游戏人生，但也不能太较真，认死理。俗话说："宰相肚里能撑船。"凡成大事者，均胸怀开阔、豁达，能容人所不能容、忍人所不能忍，善于求大同存小异，团结大多数人。所以他们才能成大事、立大业，成就自己不平凡的人生。

"水至清则无鱼，人至察则无徒"，凡事太较真，对什么都看不惯，身边的人没一个能容得下的，无异于孤立自己、远离人群，造成自己与他人、与社会格格不入的局面。

性格孤僻的人常显出一副瞧不起人的样子，其实他内心虚弱，害怕被人刺伤，因而不愿与人交往，在不得不与人交际时，也显得行为怪僻，常会给人一种神经质的感觉。

孤僻常在以下几种情景中表现得更为突出：自身不受别人理睬而不

得不独处时,常会有失落感和自尊心受伤感,这时就会显得更加孤僻而不愿与人交往;当与别人交往而当众受到讥讽、嘲笑、侮辱和指责时,常会产生神经过敏,以为别人都瞧不起自己,这时就会闷声不响、郁郁寡欢,或者恼怒异常、撒手离去;当遇到各种挫折时,常会产生虚弱感和自卑感而心灰意冷,这时就会自我孤立起来,闭门谢客,拒人于千里之外。

在济南市南天桥区某院内,一名29岁的男子因"爱犬"被车轧死一时想不开,竟从自家6楼纵身跳下而身亡。据了解,这位青年男子从小性格就孤僻,自我封闭心理严重,不愿意和人接触。3年前,家人为他买了一条小狗,此后,这条狗就成了他唯一的朋友。正是由于严重的自我封闭,缺乏与家人朋友的交流和沟通,才会导致他放弃生命。

据心理学研究发现,孤僻性格的成因比较复杂,一般情况下,与早年的经历关系较大。

如果一个人过早地接受了烦恼、忧虑、焦虑不安的不良体验,会使他们产生消极的心境甚至诱发心理疾病。缺乏母爱父爱,从小经历过于严厉、粗暴的教育方式,得不到家庭的温暖,甚至会变得畏畏缩缩、自卑冷漠,不相信任何人,最终形成孤僻的性格。另外,在人际交往中受过挫折的人,由于"一朝遭蛇咬,十年怕井绳"的心理,往往也不愿和别人交往。

孤僻的性格,对人的成长是非常不利的。所以青年人要认真对待。一方面要正确认识孤僻的危害,敞开闭锁的心扉,追求人生的乐趣,摆脱孤僻;另一方面正确地认识别人和自己。

孤僻者一般都没能正确地认识自己。有的自恃比别人强,总想着自己的优点、长处,只看到别人的缺点、短处;自命不凡,认为不值得和别人交往;有的倾向于自卑,总认为自己不如人,交往中怕被别人讥讽、嘲笑、拒绝,从而把自己紧紧地包裹起来,保护着脆弱的自尊心。这两种人都需要正确地认识别人和自己,多与别人交流思想,沟通感情,享受朋友间的友谊与温暖。

对一些刚刚步入社会的青年人，要多参加正当、良好的交往活动，在活动中逐步培养自己开朗的性格。要敢于与别人交往，虚心听取别人的意见，同时要有与任何人成为朋友的愿望。

这样，在每一次交往中都会有所收获，丰富知识经验，纠正认识上的偏差，获得了友谊，愉悦了身心。长此以往，孤僻者就会喜欢交往，喜欢结群，变得随和了。

孤僻者不善于搞活关系，所以要搞活关系就更应该懂得一些方法与窍门：交朋友要富于弹性，选择朋友时不要太苛刻，多一个朋友，就少一个敌人嘛！要想搞活关系，这种思想是基础！

孤僻性格，是一种怪僻而不合群的人格缺陷。孤僻多见于内向型的人，主要表现在不愿与他人接触，对周围的人常有厌烦、鄙视或戒备的心理。这种消极情绪长期困扰，也会损伤身体。

第二篇

积极心态是成功的助推器

生活中,一个好的心态,可以使你乐观豁达;一个好的心态,可以使你战胜面临的苦难;一个好的心态,可以使你淡泊名利,过上真正快乐的生活。人类几千年的文明史告诉我们,积极的心态能帮助我们获取健康、幸福和财富。一个人如果心态积极,乐观地面对人生,乐观地接受挑战和应付麻烦事,那他就成功了一半。人的心态不同,会导致完全不同的结果,积极向上者必胜,消极悲观者必败。尤其是关键时刻的心态,更是如此。在这个世界上,成功卓越者少,失败平庸者多。成功卓越者活得充实、自在、潇洒,失败平庸者过得空虚、艰难、猥琐。

角度与心态

换个乐观的角度看问题,忧伤的情绪还会有吗?过多地关注那些过错、失去的东西和得不到的东西,却忽略了真正想要和现时拥有的东西,这是造成忧伤的根源。用积极健康的心态,收起阴霾的心情吧,一切都会变得十分美好。

一位日本的女作家在美国街头遇到一位卖花的老太太,她穿着破旧,身体虚弱,但脸上却满是喜悦。日本的女作家拣了一束花说:"您看起来很高兴。""为什么不高兴呢?一切都这么美好!""您很能承受烦恼。"日本的女作家又说。然而,老太太的回答让女作家大吃一惊:"耶稣在星期五被钉在十字架上的时候,那是世上最糟糕的一天,可是两天后就是复活节。所以,当我遇到不幸时,就会等待第三天,因为那时一切就会恢复正常了!"

谁说困难来临时只会有丧气?老太太之所以穷到卖花还如此高兴,正是因为她拥有一颗乐观的心!

一个人乐观的心态,看问题的角度,是至关重要的。成功人士的首要标志,在于他拥有积极的心态。

一个人如果心态积极,乐观地面对人生,乐观地接受挑战和应付麻烦事,那他就成功了一半。人们心态不同,会导致完全不同的结果,积极向上者必胜,消极悲观者必败。尤其是关键时刻的心态,更是如此。在这个世界上,成功卓越者少,失败平庸者多。成功卓越者活得充实、自在、潇

洒,失败平庸者过得空虚、艰难、猥琐。

对于一些人来说,即便是一个很好的职位,不菲的收入,若是一成不变的话,也会感到乏味。我们接受现实,把自己的注意力集中在积极的工作态度上,这是快乐工作的良好开端。如果我们怀着愉快的心情,开始每一天的工作,激发潜在的适应力和奋斗的活力的话,生活给我们带来的往往会是意外的惊喜。任何一个怀着爱心去工作去生活的人,都是世界上最快乐的人。

要在苦短的一生中拥有快乐,关键的是要拥有良好的心态,能达观、洒脱快乐向上地生活。

皮克是位快乐的乞丐。有一天,皮克的快乐突然消失了。原因是他在回破庙的路上捡到了99块金币。

捡到金币的那个晚上,是皮克最快乐的。"我可以不做叫花子了,99块金币,这够我吃一辈子了。99块,哈!我得再数数。"皮克怕是一个梦,一夜没睡。第二天太阳出来了,他才信以为真。

第二天,皮克很晚也没有走出破庙,他要把金币藏好。他想:这钱不能花,我得攒着。我一定要拥有100块金币。从来没有理想的皮克,现在开始有了理想:再多一块金币。

皮克变了,变讨饭为讨钱了。晌午了,皮克才出去,他开始一分一分地讨钱。中午他很饿,但为了讨钱,只讨了一点儿剩饭。下午,早早地"收工"了,他得用更多的时间守着他的金币。

"还差97分。"晚上他反复地数着他的金币,他开始忘记了饥饿。

一连几天,皮克就这样度过。好多日子了,皮克再也没有吃饱过,再也没有快乐过。

皮克越来越难了。别人愿给剩饭而不愿给钱。也因为他不快乐了,别人也不愿再施舍给他了。

"皮克,你为什么不快乐了?"

"咱是叫花子,快乐个啥!"

皮克越来越忧伤,也越来越瘦弱了。终于病倒了,这一病几天也没有起来。病中皮克只想着一件事:还差16分就100块金币了。

"皮克,你有没有收到我的金币!"突然,一个富商找到破庙,找到了生命垂危的皮克问。

"什么?"皮克惊讶问道。

"皮克,你的快乐,是你的快乐救过我。三年前,我在一次买卖中赔尽了家产。我正准备自杀,我见到了快乐的你,我明白了身无分文的人,也能快乐地生活。后来,我就东山再起了,赚了很多钱。那一次,我带着99块金币出来游玩,见到你,就把钱丢到了你要走的路上。可是你现在为什么还做叫花子呢?为什么不快乐呢?生了病为什么不拿钱去看呢?"

"我想拥有100块金币。还差16分,就差16分。"

富商从腰里取出一块金币给他。皮克接过钱,把钱装进袋子里,然后又全部倒出来,很细心地数,啊,他终于有100块金币了。对了,还多84分。

皮克笑了,然后就昏倒了。

这时一个游僧路过这里,看到昏倒的皮克,向富商问明了情况,便说:"这下,完了!"

"怎么了?"

"因为,当他有了99块金币的时候,就会希望有100块金币。这就是人,不可避免的贪欲,贪欲赶走了他的快乐。你要救他,你得向他索回那99块金币,这样他或许有救。现在,你反倒满足了他的欲望,重病的他就失去了支撑下去的动力了。你开始时给他99块金币,你使世界上少了一个快乐天使;你又给他一块金币,这就使世界上少了一个生命。"

富商试了试皮克的鼻子,皮克果然死了⋯⋯

给你欲望的人,是你在这个世界上可遇不可求的天使。

满足你贪欲的人,是你在这个世界上遭遇的夺命三郎。

一个人一旦被贪欲所俘虏,贪欲将夺走他的快乐。赔尽家产的富翁,会痛苦悲伤致死。

但是,得到理想的人,会增加动力。身无分文的乞丐,也能快乐地生活。

心灵悄悄话

人不能没有欲望,但不能有贪欲,贪欲是无底洞,永远填不满,因此会产生忧伤。为人切记:莫要被贪欲夺走你的快乐。

好心态成就人生辉煌

"成功"的魅力是无穷的，"成功"的过程更是诱人的。**成功者面对命运的挑战，总是选择做生活的强者，紧紧扼住命运的咽喉，在立志成才的道路上披荆斩棘，一往无前，实现自己的人生价值。**

邓亚萍热爱乒乓球事业，认定自己就是"打乒乓球的命"，自己的兴趣、自己的未来就在这小小银球上。她坚韧不拔地去追寻，去拼搏，终于成就了自己辉煌的人生。

邓亚萍这个名字在我国可谓家喻户晓，不仅如此，有的人在谈及她时还绘声绘色地将其描绘一番：矮矮的个儿，胖胖的脸，打起乒乓球来简直像只出山的小猛虎，出手快捷，攻势凌厉，左推右挡，勇不可当，往往只几板就把对方制服了。

的确，邓亚萍在我国乒坛，乃至世界乒坛上名声大噪，堪称"大姐大"。自她 1986 年 13 岁那年拿到第一个全国乒乓球锦标赛的冠军开始，到 1997 年 5 月的第四十四届世界乒乓球锦标赛上，在短短的 11 年间，她一共在各种全国性和世界性乒乓球大赛中拿到 153 个冠军，尤其从 1989 年入选国家队到 1997 年的第十四届乒乓球锦赛这 9 年的历史最为辉煌，仅在奥运会、世界杯赛和世界锦标赛这三大比赛中，就独自一人获得 18 块金牌，并且还是国际体坛上唯一一个曾三次接受国际奥委会主席萨马兰奇为其亲自授奖的运动员。这不但在中国乒坛，而且在世界乒坛史上都写下了光彩的一笔。

从邓亚萍的成长之路来说，坎坎坷坷，历尽磨难。她 4 岁多时便表现

了一个"铁娃"的本色,平时拼拼打打从不哭闹,并且玩什么都格外专注。这被在河南郑州市体委任乒乓球教练的父亲看在眼里,喜在心头,认定她是一块搞体育的好料。于是,父亲便"就地取材",精心地培养自己的爱女。

一晃5年过去了,邓亚萍在父亲的调教下,乒乓球技术已达到一定水平。为使她能得到进一步发展,父亲将她送到河南省乒乓球队去深造。然而,去后不久,便被退了回来,其理由是"个儿矮,手臂短,没有发展前途"。这在少年的邓亚萍的心灵上,第一次留下了一道深深的伤痕。

令人欣慰的是,在父亲的鼓励下,倔强的邓亚萍并未因此一蹶不振,相反,她练得更加刻苦,并发誓有朝一日一定要拼出个人样来。

机遇终于来了。1986年是邓亚萍人生出现重大转折的一年。那一年,年仅13岁的她,临时顶替河南省代表队一名生病的运动员参加全国乒乓球锦标赛。赛前教练们对她并不抱有什么期望,要她顶替上场纯粹是为了不使该队"弃权"。出人意料的是,这个名不见经传的矮个姑娘竟然接连击败了耿丽娟、陈静等当时很有名气的国手,一举登上了冠军宝座,爆出了此届乒乓球赛的最大冷门,成为一匹引人注目的"黑马"。

赛后,这位被人判了"无发展前途"的小姑娘,成了当时国家乒乓球女队主教练张燮林手下的又一位女弟子。从此,邓亚萍在中国乒坛的圣殿里将其那股在逆境中练就的"铁娃"本性表现得淋漓尽致,其运动水平大大提高,经过各次大赛的历练,最终登上国际乒坛女霸主的宝座。

邓亚萍有一段描述自己心理感受的话感人肺腑,她说:"我并不相信命,每个人的命运都掌握在自己手里。有人说我命好,为世界乒坛创造出了一个'常胜将军'的奇迹。我觉得,我可能天生就是打乒乓球的命,但上帝不会将冠军的桂冠戴在一个未真诚付出汗水、泪水、心血和智慧的运动员身上,我自己满身的伤病就是证明。"

成功的光环在前方召唤,追求成功的过程却是艰难。成功似大海中行船,前方有灯塔的光亮,水路却充满漩涡、暗礁,时刻有可能翻船。但

是,认定目标的强者从不会因此而轻易地熄灭旺盛的理想之火。尽管成功之路崎岖坎坷,布满荆棘,他们也不会退出搏击的人生舞台。既然已认定自己的选择是正确的,他就会恪守"成功"之志,握住自信之犁,勇往直前、毫不退缩、毫不动摇,直至开拓出人生成功的金光大道。

任何人在其成长道路上,总不可能是一帆风顺的,总免不了要经受各种困难的考验。正如中国有句古话所说的:"艰难困苦,玉汝于成。"自古以来,人们都把劳其筋骨,苦其心志,承受吃苦看作是成才的一个基本条件。

天道酬勤,没有一个人的才华是与生俱来的,每一个成功者的背后,都有着一连串儿的让人精神为之感动的故事。在成功的道路上,除了勤奋,是没有任何捷径可走的,在每个成功者的身上,都可以看到勤劳的好习惯。

任何事情,唯有不停前进方可有生命力。社会不是完全享乐的天堂。在这个竞争激烈的世界里,人才云集,竞争对手强大。快节奏的生活,高度的竞争的环境又时刻令人体会到一种莫大的压力,潜移默化地催人上进。

南宋的思想家和教育家朱熹,是个从小就立志当孔子那样的人。在他读书时,一天上午,老师有事外出,没有上课,学徒们高兴极了,纷纷跑到院子里的沙堆上游戏、打闹。不大的天井里,欢声笑语,沸沸扬扬。这时候,老师从外面回来了。他站在门口,望着这群天真活泼的孩子们"造反"的情景,摇摇头。猛然,他发现只有朱熹一个人没有参加孩子们的打闹,他正坐在沙堆旁,用手指聚精会神地画着什么。先生慢慢地走到朱熹身边,发现他正画着《易经》的八卦图呢!从此,先生便对他另眼相看了。

朱熹这样好学,很快成为博学的人。10岁的时候,他已经能够读懂《大学》《中庸》《论语》《孟子》等儒家典籍了。孟子曾说:"人人都可以成为尧舜那样的人。"当朱熹无意中读到这句话时,他高兴得跳了起来。他自言自语地说:"是呀,圣人有什么神秘呢? 只要努力,人人都能够成为圣人啊!"

　　高高在上的圣人其实并非可望而不可即。治学之路就如同登山,唯有攀登不辍,才能一步步靠近峰顶。"一览群山小"的圣人们的成功其实亦是由勤学苦读得来的。《史记·孔子世家》记载:"孔子晚而喜《易》,序《彖》《系》《象》《说卦》《文言》,读《易》韦编三绝。曰:'假我数年,若是,我于《易》则彬彬矣。'"孔子读《易经》竟然能把编联简册的牛皮翻断三次,可见其勤奋。不管你是一个凡人,还是一个圣人,"勤"在你成为圣人的努力过程中,始终不可缺少。

　　世上成功之事,缺了勤就会变得不易实现,如果有了勤,成功也就不会太难了。

　　伟大的劳动造就伟大的成功,而勤勉耕耘也就结出了丰硕的果实。勤奋是一笔价值远远超过金子的财富,金子虽然珍贵,但金子是不会失而复得的。纵然你有黄金万两,但坐吃山空,你总会有穷困的一天。唯有勤劳才是永不枯竭的财源。这一点,我们应该牢牢记住。勤能使人走向成功。聪明的人,勤而努力就能成就大事业,而比较愚笨的人,如果能以勤为本,笨鸟先飞,同样是获得成功的赢家。记得《圣经》中有这样一句话:"上帝给你打开了一扇门,同时就要给你关上一扇窗。"你应该记住,勤奋实际上只是弥补你自己某一方面缺陷的良药。

　　爱因斯坦小的时候,有一次上制作课,老师要求每个人做一件小工艺品。课堂上,老师让学生们把他们的制作拿出来,一件一件地检查。当老师走到爱因斯坦面前时,他停住了,他拿起爱因斯坦制作的小板凳(那可不是一件成功的作品)问爱因斯坦:"世上难道还有比这更坏的小板凳吗?"

　　爱因斯坦以响亮的回答告诉老师说:"有!"然后,他又从自己的小桌里拿出了一只板凳,对老师说:"这是我做的第一只。"

一个并不手巧的人最后仍然可以成为一个伟大的科学家。不巧的手因勤奋而显得举足轻重。另一个小故事,也能说明这一道理。

古希腊有位演讲家,他口才很好,每一次演讲都能吸引众多的听众。但他年轻的时候却有口吃的毛病,经常受到大家的嘲笑。为了改正这一缺点,他坚持天天练习说话。有的时候跑到山顶上,嘴里含着小石子,训练自己的口形,摸索发音的规律。正是勤奋不懈地努力使他改掉了口吃的毛病,同时说出了一口流畅悦耳的话,从而实现了演讲家的梦想。

清朝某县有位姓王的青年,是个大户人家的子弟,在家排行第七。他从小就爱慕道术,听人说崂山上有很多得道成仙的人,就背上书籍前去学道。

王生走近一座道士观,看见在清幽静寂的庙宇中,一位老道正在蒲团上打坐。只见这位老道满头白发垂挂到衣领处,精神清爽豪迈,显得气度不凡。

王生连忙上前磕头行礼,并且和他交谈起来。交谈中,王生觉得老道讲的道理深奥奇妙,便要拜他为师。

道士说:"只怕你娇生惯养,性情懒惰,不能吃苦。"王生连忙说:"我能吃苦。"老道的弟子很多,傍晚时他们都来到老道这里,王生一个个作揖见过,便留在了庙中。第二天,王生拿着老道交给自己的斧头在师父的吩咐下随众人上山砍柴。

过了一个多月,王生的手和脚都磨出了很厚的茧子,他忍受不了这种艰苦的生活,暗暗产生了回家的念头。

终于,又过了一个月后,王生吃不消了,可是老道却不向他传授任何道术。他等不下去了,便去向老道告辞:"弟子从好几百里外的地方前来投拜你,我这一片苦心不指望学到什么长生不老的仙术,但您不能传些一般的技术给我吗?现在已经过去两三个月了,每天不过是早出晚归在山里砍柴,我在家里,从来没吃过这样的苦。"老道听了大笑说:"我开始就说你不能吃苦,现在果然如此,明天早上就送你下山。"

王生听老道这样说,只好恳求说:"弟子在这里辛苦劳作了这么多天,只要师父教我一些小技术也不枉我此行了。"老道问:"你想学什么技术呢?"王生说:"平时常见师父不论走到哪儿,墙壁都不能阻隔,如果能学到这个法术就满足了。"

老道笑着答应了他,并领他来到一面墙前,向他传授了秘诀,然后让他自己念完秘诀,喊声"进去",就可以去了。王生对着墙壁,不敢走过去。

老道说:"试试看。"王生只好慢慢走过去,到墙壁时被挡住了。老道指点说:"要低头猛冲过去,不要犹豫。"当他照老道的话离墙壁数尺再猛向前冲到墙壁处,真的未受阻碍,睁眼已在墙外了。王生高兴极了,又穿墙而回,向老道致谢。

老道告诫他说:"回去以后,要好好修身养性,否则法术就不灵验了。"说完,又送他一些路费,就让他回去了。

自称得到崂山仙人传授"穿墙术"的王生在家中自得不已,可以穿越厚硬的墙壁而畅通无阻。他妻子不相信。于是,王生按照在老道处学的方法,离开墙壁数尺,低头猛冲过去,结果一头撞在墙壁上,立即扑倒在地。面对自己头上的鸡蛋大的包和妻子的嘲笑,他又羞又恼的同时又止不住骂老道无良心。

生性懒惰,却还想得道成仙,这无疑是行不通的。懒惰不改,要想获得成功,也是会碰壁的。如果说王生的遭遇是一个懒惰者的遭遇,那么王生所得的教训就是所有懒惰者的教训了。

一位探险家在森林中看到一位老农正坐在树桩上抽烟斗,于是他上前打招呼说:"您好,您在这儿干什么呢?"

老农回答说:"上一次我要砍树的时候,风雨大作,结果,那些树未让我费力就倒了。"

"您真幸运!"

"你可说对了。还有一次，在暴风雨中闪电把我准备要焚烧的干草给点着了。"

"真是奇迹！现在您准备做什么？"

"所以这次我准备等一场地震帮我把土豆从地里翻出来。"

有人将人生比作一段旅程是因为人的一生要经历艰难曲折的，人在旅途上，目的不仅仅是游山玩水，而是肩负着人生的使命，他要向前走，不停地走，一直走到人生的终点，体味人生的意义，无怨无悔地走完人生之旅，旅途上的能量是勤奋。没有勤奋，一个人不可能在人生路上走很远，即使能走远，也是碌碌无为的，走了很长的路，却依然两手空空。

自身的缺点并不可怕，可怕的是缺少勤奋的精神。自身之拙，可能会成为我们成功路上的障碍。但伟人、名人就是在克服障碍后得到桂冠的。即使是太行、王屋二山那么大的障碍也会被我们用愚公移山的精神，用勤奋一点点地挖掉，如果我们始终不放弃理想的话。勤奋面前，再艰巨的任务都可以完成，再坚定的山也都会被"移走"，成事成功只有勤，踏实勤劳，才能获得真正的东西，从而助你走向成功。

青年人要勤，就要忌"懒"，忌"惰"。懒惰是人的本性之一，稍不留神就会流露出来。所以青年人要时刻提醒自己："成事在勤，谋事忌惰。"

勤奋的人瞧不起懒惰的人，心灵的恬静是勤奋的人始终追求的，而懒惰的人却是始终沉湎于肢体的舒适之中。 怕吃苦怕受累是懒惰者的症状，一无所得，受人嘲笑是懒惰者的下场。只有勤奋，才能走好人生的路，获得事业的辉煌。一个成功的人，是不会有任何机会让懒惰得逞的。青年人只有养成勤奋的习惯，才能在事业上获得成功。

"天才"不是天生造就的，而是通过勤奋学来的；而这成功的途径，是用辛勤刻苦的汗水换来的。唯有勤奋、努力，不停地学习、进步，成功的征途才会少一些弯路，才会少一些曲折。

鲁迅说："其实即使天才，在生下来的时候第一声啼哭，也和平常的儿童一样，绝不会就是一首好诗。""哪里有天才，我是把别人喝咖啡的工

夫用在工作上。"

很多人总想找一条通向成功的捷径,当众里寻他千百度之后,发现"勤"字是成大事的要诀之一。笨鸟先飞,尚可领先,何况并非人人都是"笨鸟"。"勤奋",使青年人如虎添翼,能飞又能闯。

懒惰者,缺少的是行动,他们是思想的巨人,行动的矮子。其实,幸运只给勤奋者,等待只会浪费时间,等不来幸运。懒惰,其实就是否定自己。

把自己的生命,一点点送入虚无,而不想做一次奋斗,拯救自己。懒惰作为一种浪费,浪费的是比任何东西都宝贵的生命。

浮躁会让你错失良机

血气沸腾之际，理智不太清醒，言行容易逾分，于人于己都不宜。

在生活中，人们热情饱满、甚至凡事跃跃欲试，自不是什么坏事，生活本来就需要这样一种劲头，如果每天生活得懒散不羁，对人对事毫无热情，那么生活往往会成为一潭死水，毫无生命气息可言。但是秉承热情也要讲究方式，热情用在积极的心态上，是一种动力，但是若持其消极，便会成为一种阻力。人们所表现出的浮躁，其实就是一种对热情的错误运用。浮躁的人虽然并不缺乏生活热情，但是却缺少合理分配和利用热情的能力。在处事上常常缺乏理智，容易半途而废、浅尝辄止，宜将热情消极化。如梁实秋所说，为迫切完成某事而心浮气躁，就容易导致言行过分，这不仅有碍于人际关系，容易语出伤人，更容易分散心智，影响做事的效率或是错过眼前的良机。

生活中也有一些从不浮躁的人，但是他们并没有成为生活中的成功者。这些人虽然每天都不紧不慢地做着自己的事，看起来似乎很理智，但是他们又从不为没有完成该完成的事而着急；虽然从不轻易与谁争辩，但是即便遭遇平白无故的尊严侮辱也不愿奋起反抗；他们虽然看起来处事冷静，但是却缺乏处事热情，所以他们的生活往往没有目标，每天顺应形势而行，过一天算一天，丝毫没有计划和方向，人生也没有既定的目标。所以这样的不浮躁同样是可怕的。

效率往往是与热情有关的，同时也是与理智相关的，做人仅仅不浮躁是不够的，而仅仅有热情也是不达标的。如果做成了只有热情却缺乏理智的人，或是成了只有耐心却没有热情的人，同样都是失败的。前者虽不

惧怕困难和冲突，做事有热情，但是却缺乏理性约束力，所以往往会因为心浮气躁，有机会到达人生某一高度但却常常自行摧毁，从而很容易导致自身良机和人情的丧失，而后者虽耐心有加，做事不急躁，但却缺少感性促进力，所以常会因为不思进取而甘愿放弃创造和争取机会，又容易因此搁浅人生的前进之帆。

热情与急躁，其实在寺庙里佛像摆放上也有所体现。去过那里的人都有体会，一进庙门口，先会看到一个笑脸相迎的弥勒佛，顿时会生得一阵欢喜，而在弥勒佛的北边，会看到黑头黑脸的韦陀，则又会产生几分不悦。弥勒佛看起来乐陶陶，而韦陀则看起来挑眉立目。其实传说很久以前他们并不在一起，而是各自掌管不同的庙宇。韦陀虽然能把账管得毫无疏漏，但是却因面目过于严肃，总给人脾气暴躁的感觉，于是人们都不愿与他见面，所以庙里的人越来越少，最后竟然断了香火。而大肚弥勒佛笑容满面，善良忠厚，所以到他面庙里的人总是络绎不绝，但是他却疏于管账，凡事丢三落四，什么都不在乎，结果寺庙入不敷出。

方丈发现了这个问题，便将他们放在同一个庙里，让弥勒佛负责迎客，要其做好公关工作，而看起来铁面无私的韦陀，则被安排负责看管账务。就这样，两个人相互合作，分工明确，结果香火大旺，庙中一派欣欣向荣的景象。

一个黑脸，一个红脸，便能够得两全其美。这对于我们做人也是一个很好的启示。只给生活一个黑脸，那么难保生活不回击反抗，你若对着生活急躁不堪，生活便会让你悔之不及；而只给生活一个红脸，那么你同样会给自己的生活、甚至人生造成损失。真正的生活从不轻易接受直白、单一的面孔，除非那些尚未深谙世界规则的孩童。面对真正的生活，总是要有一些运用色彩的智慧，把黑脸和红脸糅合在一起，学会向生活抛洒无限热情，同时又要给予生活无限笑容，取其精华，去其糟粕，这才是生活的大智慧，才能真正核准生活的韵律。

这种生活的韵律虽然看似难以拿捏，其实也不难把握，只是它更需要我们对自我资源进行全方位地剖析，并加以合理运用。热情需要激发，冷

静和耐心则需要锻炼。激发热情需要积极的心态和勇往直前的勇气,这些其实都是我们本来就具备的,如果没有,那只是被环境和心灵埋没了,或是随时间削弱了。

而说到冷静与耐心,更多地来源于环境的熏陶和自身的练就。**做事缺乏耐心的父母往往会培养出容易急躁、爱激动的孩子,一个安静、和谐的生活氛围,很可能就会诞生一个天才。**很少有人喜欢浮躁的处世态度和急躁的个性,在生活中多一些热情,少一些急躁,多一些冷静,多一些动力,如此才能享受生活的恩惠。改变浮躁性格可以从以下几个方面来做。

在实践中锻炼耐心。耐心都是锻炼出来的,缺乏耐心也就等于自动丢掉了成功的机会。在生活中多多锻炼自己的耐心,做每一件事时都要学会安下心来,不要总是想着结果如何,而要把精力放在如何做好上。

多看有积极意义的电影或书籍。这既能让你放松心情,调节生活节奏,同时也能为你带来更强大的生命动力,让你拥有更多的生活热情。

遇到急事先冷静。焦急的情绪并不能帮你解决任何问题,只有思考才行,遇到急事要先冷静,思考一下如何做才能最大限度地降低损失。

心灵悄悄话

学会循序渐进地做事。凡事不可贪大,成功要一步一步来,做事前要首先静下心来,先为自己树立起框架,然后从最微小的部分做起,循序渐进,逐渐完成。

第二篇 积极心态是成功的助推器

好心态会让你信心倍增

要有自信，然后全力以赴——假如具有这种观念，任何事情十之八九都能成功。

导致人们缺乏自信的主要原因在于对自我能力的不确定。对自我能力缺乏足够的信心。人们就容易遭遇心理羁绊，面对问题裹足不前，缺乏突破自我的决心和勇气。其实，有时自信的建立并不一定在解决问题前就能被完善，即便是那些成功的人，也不一定在起初就对自己所拥有的一切胜券在握、把握十足，他们也曾迷茫过、退却过，甚至想要放弃过，但是他们却最终突破了自己，并且在突破中不断获得进步和成功。因为每个人的潜能都是无限的，只要专注挖掘，往往能带来令人意想不到的结果。**一个人没有信心并不可怕，可怕的是没有信心而又没有放手一搏的魄力。用全力以赴的心去做事，自信往往不请自来。**

北京电视台的"名嘴"董路很多人都熟悉，他早期作为体育节目主持人，其深入、切中要害的赛事点评，赢得了很多体育迷的喜爱。而其风趣、调侃的主持风格，更是被北京电视台所看重。现在的他活跃在北京电视台的多档节目中，不论财经、新闻评论、体育、情感、民生还是娱乐节目，都能看到他的身影。他还兼任网络、报纸等多家媒体的专栏作家，并且出演过话剧，出过单曲，说过相声，可以说在事业上屡屡突破，正所谓"能者多劳"。但是在十多年前，他却完全没有预料到自己会有今天的成绩。

1993年，刚刚大学毕业两年的董路还在北京的一家国有企业担任总经理助理，和很多年轻人一样，当时的他每天赶班车，朝九晚五，闲暇时只

是看看报纸、熟悉业务。但是一则招聘启事,却给他的生活带来了翻天覆地的变化。一天,他在看报纸时发现了一则招聘启事,一家新成立的电台正在招聘主持人,看到可以兼职,董路便写了一封求职信,并附带了自己的一份录音材料,寄到了电台。想到自己并没有相关基础,董路对此并没有抱多大的希望。没想到过了一段时间,他竟然接到了电台的电话,并叫他去参加面试,这个结果让他欣喜若狂。面试那天,面对评委和老师,又加上自己没有专业知识基础,董路并没有足够的信心,但他想只要自己全力以赴就可以了。令他没有想到的是,他竟然真的通过了。

就这样,通过初试、复式、面试,董路成为该电台的第一批节目主持人。他每天白天到公司上班,下班后再到电台主持自己的节目。虽然当时对此并没有过深入的涉足,但是每次主持节目,董路都抱着全力以赴的态度。他的努力很快得到了回报,这让他的信心大增。后来,他进入了电视台,成为体育节目的记者兼解说。1996年,他用短短28天时间,写出了自己的第一部报告纪实文学,并成功出版。在签售时,购买的读者多达几千人,董路获得了主持之外的又一次突破,他变得更加自信了。1997年,一家媒体的负责人主动找到他,要求他担任该报体育版面的主任,但条件是,必须要让发行量至少增加两万,信心十足的董路随即答应,在上任之后,他一鼓作气,报纸发行量猛增,扭转发行数量下滑的局面。

在此之后,董路便一直没有与媒体分开过。从纸质媒体到电台、再到电视台,十足的自信让董路横跨广播、电视、报纸,成为如今炙手可热的体育评论员和主持人。直到现在,董路还在为电视、网络、广播和报纸等多家媒体的工作而忙碌着。参与节目众多,公众角色广泛,有人把董路说成是"京城媒体头号混混",当然,这绝对是一个褒义的称呼,他的成功有目共睹。

在突破中坚定信心,在信心中不断突破,董路的成功与其说来自于信心的积累,倒不如说来自于他每一次的全力以赴。正是在每一次的专注和投入中,他渐渐阔别了那个十几年前的自己,不断地获得事业上突破和

进步,成就了自己的一番事业。其实,我们每一个人都拥有自己的成功人生。

也许在面对一些问题时,我们并不一定总能抱有足够的自信,特别是在那些从没经历过、对我们来说颇具挑战性的问题面前,我们可能迟迟都迈不出第一步。对自我能力的不确定,是阻碍我们迈开第一步的重要原因。增强自信的一般方法是通过意识作用,也就是我们常说的鼓励,但是如果凭借自我激励和他人鼓励,我们还是难以建立起足够的信心,那么我们不妨利用可以发展的事物本身,先抛下这个思想负担付诸行动,全力以赴地投入事物的解决中,尽可能地挖掘自己的内在潜力。一个人的潜力一旦得以发挥,便会创造令自己都吃惊的成果,只要你心无旁骛、全心投入地去做,你便会发现,很多在你看来难以解决的问题都一一解决了,随着成绩的取得,你的自信心也便会逐渐强大起来。

对于那些令你望而却步却又心有所想的事,你需要做的就是全力以赴,竭尽全力。

全力以赴的意味就是不问结果、不问出处、放手一搏,甚至推着自己去做认为不能完成的事。这种积极的做事态度,给我们带来的不仅仅是自信和意想不到的惊喜,更是无限的自我超越和突破。

活在当下

没有人生活在过去,也没有人生活在未来,现在是生命确实占有的唯一形态。

我们的生命不会回到过去,更不会提前到达未来,只有现在正在进行着的生命,才能带给我们真实存在的一切。学会活在当下,便能忘却生命中那些过往的不快,也不会对未来担忧,就会因正在进行着的生命和正在拥有的一切而感到快乐。但是现实生活中,真正活在当下的人却并不多,有些人为了过往的错失而遗憾,因为不愿提及的尘封记忆而耿耿于怀,有些人则为了前路的迷茫而恐惧,为了未来的自己而担忧、不安,如同过桥时的瞻前顾后。**能够将生命的全部注意力放在当下,不为过去以及未来而耗费自我精力的人,才能真正创造出与众不同的人生。**

53 岁的尤金·奥凯利在担任毕马威会计师事务所(KPMG)的董事长和首席执行官时,时年他正处于人生和事业的巅峰时期。他事业蒸蒸日上,家庭幸福美满,生活上的一切都让他感到生活的美好。为此他为自己制订了一个又一个美好的生活计划:参加女儿的开学仪式、陪家人一同外出旅游、为自己职业生涯的再一次突破做出努力……

但是就在一切顺风顺水之时,上天却给了他一个晴天霹雳的不幸,2005 年 5 月,尤金·奥凯利被确诊为脑癌晚期,医生告诉他生命只有 3 到 6 个月了。面对这突如其来的打击,尤金·奥凯利并没有因此而沮丧不安,他立即修改了原有的人生计划,利用一切尚存的时间继续书写自己的人生。他用生命的最后时光,争分夺秒地书写自己对人生的感悟《追

逐日光》。在他的书中他写道:"人生不可以重来,不可以跳过,我们只能选择以一种最有意义的方式度过:那就是活在当下,追逐日光!"

活在当下,追逐日光,尤金·奥凯利用自己的切身经历书写了一曲震撼人心的生命之歌。面对现实的不可抗拒性,唯有优化自我生命的纯度,才能真正诠释出生命的意义,将最专注的精力放在对当下生活的追逐上。抓住正在进行的这一刻的人生,不为前路的坎坷、无着落而担忧,不为过往云烟的迷茫而惆怅,只有拿得起放得下,才能生活得无忧无虑,才是对生命最高程度的敬仰。

生命从来都不会对谁过于慷慨,即便百年的人生也是转瞬即逝,如果我们没有将精力放在对现有快乐的感恩和珍惜上,那么对于我们来说,岂不是白白浪费了大自然赋予我们的生命恩宠。用乐观去诠释自我生命的美好,我们才能用生命渲染世界的美丽。让我们从现在开始,**学会活在当下,珍惜现有的每一刻。**

那么在现实生活中,我们都应该做到哪些呢?

忘记过去的不愉快

也许你的过去有令你刻骨铭心的过往,也许你在昨天还经历了令你不愿提及的心灵伤痛,但是在你今天的生活中,你便应该将从昨天到不记事时的所有不快乐忘记。如果你还在为过去的种种不愉快而沮丧难过,甚至难以自拔,那么你便是在不停地刺激自己的负面情绪,使其不断涌现,从而无法体味现有生活的快乐。

将过去的不愉快拿出来放在心上琢磨,就如同触碰刚刚结疤的伤口,这是一种情感上的自我摧残。有智慧的人绝对不会为过去的种种不愉快而更改现有的生活轨迹,每遭遇一次不愉快,他们都能迅速矫正自己的人

生方向,把过去的不快乐尘封起来,用乐观的心态迎接下一时刻的到来。所以不论你过去经历过什么,你都应该学着忘记,把生命的全部精力留在对生命未来的那一刻的不懈追求上。

不为遗憾而伤脑筋

有些人因为追悔往昔,身陷阴影,始终都生活在遗憾中,遗憾当初没有听从师长的教导,后悔自己没有在学习上竭尽全力,为误解了曾经的好朋友而多年耿耿于怀。但是世界上没有可以重新来过的灵丹妙药,再多的遗憾也无法回到过去加以弥补,对过往的追忆和后悔只是一种精力的浪费,让我们无法专注于今天,专注于我们眼前的生活。

时光不会倒转,过去的事将会永远留在过去的刻度上,我们没有必要再去追忆、更不必为某些过往遗憾、难过、痛楚,让一切安然地留在过去,让自己轻装上阵,过好每一个今天。

学会珍惜身边的人

有些人只有失去了才懂得珍惜。很多人往往在时过境迁之后才真正发出这样的感慨,与其悔不当初,为何不在当初就好好珍惜身边的人呢?**与其为曾经的失去而痛苦,不如从现在开始,学会珍惜自己身边的人,善待他们,与他们分享快乐,共担忧愁。**

用专注的精力经营你所拥有的

　　无论是学生、单身上班族、热恋中的人、走进婚姻殿堂的人，还是儿孙满堂的人，都拥有着属于自己的人生财富，只要生活在世界上，我们就都会拥有属于自己的那一份，用专注的精力去经营那些我们正在拥有的一切。所以无论是工作、学习还是感情，我们都应该全力以赴，因为一切的过往都无法重复，只有把握现在，抓住每一刻每一秒，才能创造属于我们自己的幸福。

　　未来的确是需要憧憬或展望的，但是更需要付出实际行动去兑现，只有全力以赴做好眼前的事，才能真正接近憧憬中的未来。

经得起成功前的寂寞

要看日出必须守到拂晓。

很多人都用凤凰涅槃来形容成功前的过程,越接近成功也就越苦,同样努力越久,也就越能在埋头向前中体味奔波路上的寂寞和无助。这种孤军奋战的孤独感觉,有时比磨难和险阻更加令人难以承受。如果无法承受这种寂寞,即便拥有再多气魄和能力,也不一定能取得成功。

只有经得起成功前寂寞的人,才能最终抵达成功彼岸。放眼望去,那些成功的人无不是在经历漫长的寂寞之路后,才看到成功的曙光。

李玉刚出生在吉林一个普通的农村家庭,因受身为二人转演员的母亲的影响,他自小就对唱歌跳舞、民间艺术情有独钟,8 岁便登台演出,从小就对文艺表现出很大的兴趣,但是却始终没有什么突破。

1998 年,20 岁的李玉刚在一次偶然的机会接触到了被誉为中国国粹的京剧男旦艺术,他一下子对其产生了浓厚的兴趣,从此一边演出、一边求学,潜心钻研,开始了自己的演艺生涯。但是由于先前没有受过系统的训练,他在最初的演出中屡屡碰壁。因为他连京剧识谱也不会,于是他就每天早早起来,坐两个小时的公交车到老师家学习 4 个小时,然后再坐两个小时车返回。

在 1999 年,他下定决心将这门艺术当作自己一生的事业,于是他开始进行系统地练功、学舞蹈、学唱功、练身段。为了尽己所能塑造各种舞台形象,李玉刚又学习了芭蕾,还潜心研究舞台服装、化妆、造型等多种艺术门类。为了达到想要的舞台效果,每一次演出他都亲自选布料、染色

彩、挑选服装和造型,甚至亲自描绘服装上的每一片叶,每一朵花。虽然身心繁忙,但是李玉刚始终乐此不疲。

由于他表演时眼神缺乏妩媚,无法很好地表达表演内涵,因此他在要求高的歌剧院演出中也难免遭到指责和批评。为了练就眼神的妩媚,李玉刚四处寻找有关梅派创始人梅兰芳的书,然后反复琢磨、学习、改进。除此之外,他还找来一些著名民族女歌手的录音带,仔细观察她们演唱时的面部表情,细心模仿她们的眼神,经过不懈的努力,他最终突破了这个表演上的难题。随之,李玉刚的演出水平得到了进一步的提高。

2005年春节,李玉刚跟随中国"玫瑰钻石表演艺术团"赴欧洲进行演出,在演出后的十几天,李玉刚的名字就火遍了欧洲各国,并由国家电视台做了专题报道。

在文艺领域中摸爬滚打了六七年,李玉刚终于从默默无闻中走了出来,在事业上获得了较大的突破。但是李玉刚并没有就此放松,他知道要想获得真正的成功,就要不断超越自我。于是他又积极投身一档电视台的选秀节目,希望以此让更多的人看到自己的独特表演。在2006年该节目的年度总决赛上,李玉刚以耳目一新的表演形式和精湛的表演技法赢得了高达93%的网络支持率,获得最终的总冠军。李玉刚的表演能力再一次得到了印证。

但是,由于男旦表演形式的特殊性,他在走下选秀舞台后曾经一度迷茫,找不到自己应该走的方向。思索再三后,他坚定地告诉自己:只能自己救自己。这再次让他坚定了一生从事男旦表演的决心。

随后,他多次参加中央电视台和地方电视台的大型艺术演出,并随团参加多种形式的海外演出。在2007年随团参加澳大利亚悉尼歌剧院举办的大型活动时,李玉刚又在心里有了一个新的决定,以后一定要在悉尼歌剧院举办一场属于自己的演唱会。

在2009年的春节,李玉刚再次前往悉尼为当地的华侨演出,事后当地的官员告诉他,他的表演很吸引人,影响力非常大。希望李玉刚可以奉献一台演唱会。当时李玉刚便将存在心里两年的心愿说了出来,希望能

在悉尼歌剧院开个人演唱会。当地官员领会了意思后很快就拒绝了。

悉尼歌剧院作为世界著名的音乐大厅，对歌唱演员的综合素质和专业素质都有很高的要求，而且即便是那些很著名的演唱者，也要提前一年、甚至两年去订挡期，而不为悉尼歌剧院所熟悉的李玉刚，则更难以获得开个人演唱会的机会。但是乐观向上的李玉刚并没有就此放弃。

春节后，李玉刚被中国歌剧舞剧院吸纳为正式演员，这在中国文艺史上还是第一次。而李玉刚的心却一直都在演唱会的事情上。借着这个机会，他壮着胆子与悉尼的相关部门进行了沟通，并得到了接受个人审核的机会。然而这一审核，却一连5次都没有通过，等待审核通过的过程成了当时最让李玉刚难挨的一段时间，终于在第6次时，他得到了个人审核通过的消息。

接着，经过不到半年的准备时间，在2009年7月28日那天，悉尼歌剧院中座无虚席。凭借多年的技艺磨炼，李玉刚的演出令在场的两千多名中澳观众称艳叫绝，唱醉了悉尼。李玉刚的艺术事业也因此实现了又一次的突破。

在演唱会结束后，当被问到今后的打算时，李玉刚谦虚地说道："下一步我要继续钻研业务，认真学习，争取打造出更多好的艺术作品，来回报支持我的观众！"

投身男旦事业10年有余，李玉刚从一个平凡的业余演员发展为一名人人皆知的国家级演员，其中的心酸没有人比他更清楚，在经历一次次起伏之后，他的人生在他的乐观与积极中渐渐挂上闪耀的光环，这枚光环不仅来自他坚持不懈地努力和敢于突破自我的雄心，同时也来自他乐观的心态，来自他十余年艺术生涯里在每一次的寂寞、失落中的坚持、乐观和不放弃。

十年磨一剑，宝剑只有经过枯燥、难挨的打磨才能变得愈加锋利和光亮，一个人也只有在经历过无数次身体、心智的磨炼之后才能展现出与众不同的生命魅力。成功之前的孤军奋战，正是对人们心智上的巨大考验。

人们只有用乐观的态度面对这些寂寞的时刻，潜心于前行之路，才能真正在人生上有所突破。

当你在前行的道路上拼搏向前时，一定要注意着远方的灯塔，即使周围微光点点甚至漆黑一片时，也不要为此而深感寂寞和失落。其实你正走在成功的路上，你的微笑才能为你点亮前方的路。

用乐观的眼光看待那些所谓的"落寞"，再苦也要笑一笑，用微笑照亮一切，不要只顾埋头奔走，这样你才会无时无刻地感受到人生的快乐，拥有一个快乐而成功的人生。

有自信永远不会被打垮

有信心的人,可以化渺小为伟大,化平庸为神奇。

成功始于自信,这个道理人人皆知,但并非人人都能做到。当艰巨的任务摆在你面前时,你能够充满信心地勇敢上前吗?当经受了许多次挫折后,你仍然能对自己最终达到目标的信心毫不动摇吗?当周围的人都瞧不起你,认为你是个"废物""无能之辈"时,你仍然能坚信"天生我材必有用"吗?

如果你的回答是肯定的,就说明你有很强的自信心。如果你的回答是含糊的,甚至是否定的,那你就需要锤炼你的自信心了。

战国时期,秦国欲攻打赵国,赵国的平原君准备带20位门客去楚国,希望说服楚国与赵国建立统一的抗秦联盟。当19位文武双全的门客选好,还差一位时,坐在最后的毛遂自荐而出。平原君嘲讽地说:"有本事的人就好像带尖的锥子放在布袋里,它的尖很快就会显露出来。而你来了3年,还没显出本事,你就不用去了吧。"毛遂说:"如果公子把我早一天放在布袋里的话,那么恐怕整个锥子都扎出来了,更不用说锥子尖了。"毛遂一番充满自信的话使平原君打消了顾虑,带他去了楚国。在楚王犹豫不决时,毛遂挺身而出,大义凛然,说服了楚王,使得赵楚联盟终于达成。毛遂自荐成为一个人充满自信、敢于展示自我的象征。

"轻蔑自己""自暴自弃",都是由于缺乏自信心所致。许多人缺乏自信的原因很多,有的与童年时经常受到父母或师长的贬损有关,如"你真

是没出息""你怎么那么笨""你将来只会一事无成",这些外部评价潜入头脑中,使人慢慢变得畏缩、胆怯,不敢自我表现。有的是与胸无大志、只图舒服安逸有关,还有的是受传统观念中的一些消极思想的影响,如"出头的椽子先烂""不求无功,但求无过""富贵在天,生死由命"等。

如前面所述,对每个人来说,自己都是独一无二的。中国古语也说:人皆可以为舜尧。所以,我们千万不要轻视自己,天地人三才都蕴藏在六尺之躯中。

我们要努力抛弃自卑想法、无所作为的想法、甘居下游的想法,充满自信地去发挥自己、推销自己,实现自己的成就。

那么,我们应该如何培养自己的信心呢?

正视别人

一个人的眼神可以透露出许多有关他的信息。当某人不正视你的时候,你会直觉地问自己:"他想要隐藏什么呢? 他怕什么呢? 他会对我不利吗?"反过来说,如果你不正视别人通常意味着你在别人面前感到很自卑,感到不如别人,而正视等于告诉别人:你很诚实,光明磊落,毫不心虚。**要让你的眼睛为你工作,就是要让你的眼神专注别人,这不但能给你信心,也能为你赢得别人的信任。**所以,请练习正视别人吧!

坐前面的位子

许多人在开会或参加集体活动时,喜欢坐后面的座位。其中的原因,多数都是希望自己不要太"显眼"。而这正说明他们缺乏自信。请从现

在开始,尽量往前坐吧!

当众发言

有很多思路敏锐、天资高的人,却无法发挥他们的长处参与讨论。并不是他们不想参与,而只是因为他们缺少信心。在会议或讨论中沉默的人都认为:"我的意见可能没有价值,如果说出来,别人会觉得我很蠢,我最好什么也别说。"越是这样想,就越来越失去自信。这些人常常会对自己许下很渺茫的诺言:"等下一次再发言。"可是他们很清楚自己是无法实现这个诺言的。

如果积极发言,就会增加信心,下次也就更容易发言。要当"破冰船",第一个打破沉默。也不要担心你会显得很愚蠢,因为总会有人同意你的意见。记住,当众多发言,这是信心的"维生素"。

加快走路的速度

大卫·史华兹还是少年时,到镇中心去是很大的乐趣。在办完所有的差事坐进汽车后,母亲常常会说:"大卫,我们坐一会儿,看看过路行人。"母亲是位绝妙的观察行家。她会说:"看那个家伙,你认为他正受到什么困扰呢?"或者"你认为那边的女士要去做什么呢?"或者"看看那个人,他似乎有点迷惘。"

许多心理学家认为懒散的姿势、缓慢的步伐常与此人对自己、对工作以及对别人不愉快的感受有关。而借着改变姿势与步履速度,可以改变心理状态。一种人走路表现出的是"我并不怎么以自己为荣",另一种人

则表现出超凡的信心，走起路来比一般人快，像是在告诉全世界：我要到一个重要的地方，去做重要的事情，而且我会做好。如果你经常使用"走快25%"的技术，抬头挺胸走快一点，你就会感到自信心在滋长。

积极补充知识

哥白尼敢于向"地心说"挑战，是他广泛而深入地钻研天文学、数学和希腊古典著作，并在30多年里孜孜不倦地观测天象的结果。有着厚重的知识功底，他才能写出伟大的《天体运行论》。"给我一个支点，我就能撬动地球。"阿基米德有这样的豪言，是因为他掌握了科学知识。所以，**一些人缺乏自信心，除了轻视自我以外，也与"内功"不深有关，就是说，他的知识储备、实践能力还有欠缺，因此常常会表现得"底气"不足。**这就要求他们要努力学习知识充实自己。

　　有自信的人不会妄自菲薄，反而会始终认为自己是很有价值的。有了这份自信心，才可能有勇气去争取达到更高的目标。

66

第三篇

拥有一颗平常心

人生不可能一帆风顺,有成功,也有失败;有开心,也有失落。如果我们把生活中的这些起起落落看得太重,那么生活对于我们来说永远都不会坦然,永远都没有欢笑。人生应该有所追求,但暂时得不到并不会阻碍日常生活的幸福,因此,拥有一颗平常心,是人生必不可少的润滑剂。每个人都有遇到烦恼问题的时候,但烦恼忧愁并不能解决问题,既然如此,为什么不放下烦恼,把它抛在门外呢?让我们每个人都种上一棵"烦恼树",把烦恼挂在树上,把快乐带回家!做个快乐的发祥地,而不是阴霾的传播者。

找到心态上的平衡点

　　一个水暖工的运气很糟,先是钳子坏了,再是电钻坏了,最后,那辆老爷车也趴了窝,只好步行回家。在门口,满脸晦气的水管工没有马上进去,而是沉默了一阵子,伸出双手去抚摸门旁一棵小树的枝杈。待到门打开时,水暖工已经笑逐颜开了。

　　邻居见状好奇地问:"刚才你在门口的动作,有什么用意吗?"水暖工回答说:"这是我的'烦恼树'。我到外面工作,磕磕碰碰,总是有的,可是烦恼不能带进家门。我就把它们挂在树上,明天出门再拿走。奇怪的是,每当第二天我到树前去拿时,'烦恼'都不见了。"

　　种棵烦恼树的人,没有见过,但是把烦恼带回家的人却是不计其数。在单位受了领导的气,或是在外面有什么不顺心的事,一整天都不开心。一回到家里,就会无缘无故的朝老婆孩子撒气。

　　如果老婆孩子脾气好,不和你一般见识,让你撒撒气算你运气好;如果赶上她们也不开心,定会上演一场家庭争霸战。

　　何必呢,外面再怎么不如意,都过去了,何必让家人和你一起承担烦恼呢?

　　在今天的社会里,心理承受能力与心理情绪调整能力是衡量一个人心理是否健康和成熟的一个重要标志。

　　一个成熟的人,要有过滤能力,能把一些情绪垃圾拒之门外;其次要有净化消化能力,能把消极因素净化掉,不要堆积在心里,更不要传染给别人。

每个人都有遇到烦恼问题的时候,但烦恼忧愁并不能代替解决问题,既然如此,为什么不放下烦恼把它抛在门外呢?让我们每个人都种上一棵"烦恼树",把烦恼挂在树上,把快乐带回家!做个快乐的发祥地,而不是阴霾的传播者。

快乐是无所谓的,它就在每个人的心中。只要我们愿意邀请,它会随时赴约。提起来就是烦恼,放下便是快乐。

我们很少想到自己现在所拥有的,却总是想到自己所没有的。

比尔曾经是个患得患失的人,他很容易被不良情绪感染。直到有一天,他遇见了一个人,就是那个萍水相逢的人,彻彻底底地改变了比尔对生命意义的理解。

那个时候,比尔在纽约经营了一家杂货铺,由于经营不善,不仅花掉了他的所有积蓄,还让他负债累累。举步维艰的状况让比尔恨不得自杀。一天,比尔在一家商店门前发现了一则招聘广告,他兴奋不已,赶紧凑上前去看个究竟。不看还好,一看不免灰心丧气。因为广告中提出的要求,自己一条也不符合,看来自己和这个工作无缘了。

正在他惆怅不已的时候,他看到街道的尽头走来了一个人,严格的讲,这个人是"滑"着来的。他没有双腿也没有手,坐在一个装有滑轮的小木板上,完全靠光秃秃的双臂夹住一个支棍滑行的。他滑行到人行横道时,慢慢夹起小木板,试图穿过马路。

就在此时,他注意到了比尔的目光。这个残疾人没有像大多数残疾人一样,低下头继续"走路"。只见这个残疾人不卑不亢,坦然一笑,很自然地和比尔打着招呼:"早安,先生!今天的天气真不错!"

比尔被这个矮小的残疾人深深地震撼了。这位缺了双腿双手的人仍能如此快乐,自己作为一个四肢健全的人,还有什么好自怨自艾的呢?与他相比,自己有手有脚能行走,是多么富有啊!

故事中的残疾人,在艰难的行路中,还不忘与人打招呼,足见其礼貌;

无手无脚,还敢和健全人对话,足见其勇气和自尊;木板托起的滑行生活中,仍能注意到好天气,足见其乐观。

是啊,与故事中的残疾人相比,我们这些健全人都应该是幸福而富有的。但是有多少人会由衷地体会到上苍赐给我们的幸福呢? 正因为我们从来就没有真正失去过,所以我们都不曾真正体会自己现在所拥有的一切。

在我们的生活中,大约有 90% 的事情都是好的,但是也会有 10% 的事情是不好的。如果你想过得快乐,活得轻松,就应该把精力放在这90% 的好事上面:如果你想担忧、操劳,或是得抑郁症,那么就把精力放在那 10% 的坏事情上面。

遭遇挫折和困境是人生的必经之路,回避挫折只是暂时的安慰,只有面对,才能使自己走向成熟。

有一个人,没有左手,但是在人群中,他仍然侃侃而谈,是众人的焦点。在工作中,他仍然争先恐后,是最出类拔萃的骨干。缺失的左手似没有改变他的正常而又快乐的生活。有人不相信他的平静,便向他发问:"你难道从来没有意识到自己没有左手了吗?"

他回答再简单不过了:"这有什么关系呢,我只有在纫针的时候,才会注意到这一点。"

生活中有多少人,因为得到一点东西,就兴奋不已,又因为失去一点东西就捶胸顿足。患得患失本身就是一种不健康的心理。这是只顾眼前,不顾将来发展的典型表现。

切勿有浮躁的心态

浮躁是一种冲动性、情绪性、盲动性相交织的病态心理,与艰苦创业、脚踏实地、励精图治是相对的。

近年来,小张一直心神不定,总想出去闯荡一番,他觉得在原单位闷得慌。看着别人房子、车子、票子都有了,他心里慌啊!

小张以前也炒过股,倒腾过一些货,但都是赔多赚少。后来,小张就去摸奖,一心想摸个大款,可结果不仅彩票没有中,就连存折上的钱也没影了!再后来,他又跳了几家单位,不是专业不对口就是待遇不好,他感觉找个适合的单位真难啊!

后来,小张听说那些在刊物上发表了大作的人很有钱,于是写了作品给刊物寄去,盼望着有朝一日自己的作品也能发表,可最终石沉大海,连回信都没有……

为了发泄,小张经常发牢骚,甚至经常因为一些鸡毛蒜皮的小事与别人争吵。这种恶作剧让小张解恨!为此他心里也确实觉得平衡了一些,是心理变态吗?也许是吧。反正,小张心里就是不踏实,闷得慌……

浮躁使人失去对自我的准确定位,使人随波逐流、盲目行动,对单位、国家及整个社会的正常运作极为有害,因此必须予以矫正。

蒲松龄,是清初山东人,由于当时科举制度不严谨,科场中贿赂盛行,舞弊成风,他四次试举都落第了。但蒲松龄志存高远,并未因落第而悲观

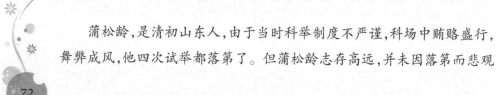

失望，他立志要写一部"孤愤之书"，并在压纸的铜尺上镌刻一副对联：

"有志者，事竟成，破釜沉舟，百二秦关终属楚；

苦心人，天不负，卧薪尝胆，三千越甲可吞吴。"

蒲松龄以此自慰自勉。后来，他终于写成了流传千古的文学巨著《聊斋志异》，自己也成了万古流芳的文学家。

蒲松龄虽然落第，与仕途无缘，但他没有浮躁，而是找到了成就自己的另一条道路，在这条新开辟的道路上，他取得了成功，也为后人留下了宝贵的精神财富。

从蒲松龄的身上，我们学到了很多东西。如果你认为人生在世应该有所作为，那就要重视自己的存在，因为每个人的生命都是伟大的、有创造力的，只是我们常忽视这一点。另外，人生的辉煌，不仅需要不懈的努力和创造，更需要审时度势，找到自己的生活目标。无论现在还是未来，一定要牢牢地把握住机会，只有这样，你才不会在人生中留下遗憾。

对于过去的一切，我们大可不必耿耿于怀，是好是坏，都让它随风而去。生活中永远不缺乏体验与成长的机会，即便身处绝境，不也是开辟新天地的大好时机吗？

人生中无论遇到什么事情，都要求我们善于思考。不能采取盲从主义，考虑问题应从现实出发，不能跟着感觉走，看问题要站得高远，而且是必须学会去适应环境，绝不是怨天尤人、沾沾自喜抑或是垂头丧气。

当我们能心态平和地坚持把手头的工作做好，而不是被情绪上的大起大落支配了自己的行动的时候，才是我们真正地一步步远离困境，走向成熟的开始。

唯有充满信心，战胜浮躁，才能真正认识自己，才能注意到生命中许多微妙的层面，才能拓宽视野，捕捉到成功的机遇，走向生命的开阔处。不以物喜，不以己悲，才是超脱。无论你要获取幸福快乐，还是要获取成功，都必须先使自己的心灵尽快冷却下来，浇灭心灵深处的浮躁，才能使你重新展开理想的翅膀。

三伏天,禅院的草地枯黄了一大片。"快撒些草籽吧,好难看啊!"徒弟说。"等天凉了在说,"师傅挥挥手说:"随时。"

中秋,师傅买了一大包草籽,叫徒弟去播种。秋风突起,草籽飘舞,"不好,许多草籽被吹飞了。"小和尚喊。"没关系,吹去者多半中空,落下来也不会发芽,"师傅说,"随性。"

撒完草籽,几只小鸟来啄食,小和尚又急。"没关系,草籽本来就多准备了,吃不完,"师傅继续翻经书,"随遇。"

半夜一场大雨,弟子冲进禅房道:"这下完了,草籽被冲走了。""冲到哪儿,就在哪儿发芽,"师傅正在打坐,眼皮抬都没抬,只吐两字:"随缘。"

半个月过去了,光秃秃的禅院长出青苗,一些未播种的院角也泛出绿意,弟子高兴得直拍手。师傅站在禅房前,点点头说:"随喜。"

在这个故事中,徒弟的心态是浮躁的,常常为事物的表象所左右,而师傅的平常心看似随意,其实却是洞察了世间玄机后的豁然开朗。

古希腊著名的思想家苏格拉底,因为发表了自己独特的思想,被判死刑。他一点儿也不恐惧,从容就义。他十分平静地喝下毒药。在临死之前,他想起欠了某人一只鸡没有还,赶快打起精神,叮嘱弟子记得还,然后心无挂碍地去死。苏格拉底的心灵是冷静的,他的灵魂没有随着浮躁燃烧,这是一种超脱的风范。

在竞争激烈的市场经济冲击下,试问我们思维的心灵是否乱了方寸?我们的思想是否已不能保持"不以物喜,不以己悲"的境界了?我们的精神力量是否在生命的怀抱里变得越来越小?就普通人而言,无论是顺应现实还是挑战现实,前提都应是认知现状。

人生最大的敌人是自己,最大的心理障碍是浮躁。依靠个人奋斗,必须具备恒心与务实精神,并对自己的智力与发展能力做准确定位。

浮躁是人类所面临的普遍状态。但是,有的人为什么会浮躁?在什么情况下容易产生浮躁?导致产生浮躁的主观、客观原因是什么?

生活中能使人产生浮躁的事太多了，但说到底，浮躁是由于我们失衡的心态在作祟，只有先正其心，才能从根本上战胜浮躁。

昨晚，小李做了一个梦，梦见自己飘荡在一个灰色的漩涡里，受尽了折磨，黄昏中艳色的霞光在西边黯然失落，小李在黄昏的霞光中死去。

清晨，小李猛地醒来，镜子里的他，双眸只剩一点痴痴地微火，哦，我的思想呢、灵魂呢、人生呢、追求呢。这一切的一切都好像埋葬在莫名的浮躁里。

窗外的山坡上，依然是鸟语花香，让人迷醉……

如今在这样一个浮躁的社会里，小李为什么不给自己留点时间，去细细品味一段美好往事，去触摸一下心灵的感悟呢？人的内心世界，真的只有在平淡里才能见光彩吗？

清晨的光阴过去的好快，中午又在忙碌中到来；傍晚，小李拖着疲惫的身躯，深夜，思维迷顿停滞，转眼又是清晨，日复一日，一切似乎都在周而复始。

小李想寻找快乐，却不知道什么是真正的快乐，想寻找幸福，却不知什么才算真正的幸福。以成功的名义急功近利能幸福吗？以快乐的名义放弃理想能快乐吗？以爱情的名义伤害他人能轻松吗？

小李从没询问过自我的内心，从没善待过自己的心灵，只是任凭自己的心灵像风像云一样，随着浮躁的社会任其浮躁。

浮躁无处不在，比如：缺乏信仰会浮躁；计较得失会浮躁；心态失衡会浮躁；婚姻不幸会浮躁；缺乏快乐会浮躁；太闲太忙会浮躁；压力太大会浮躁；缺乏幸福感会浮躁；追求绝对公平会浮躁；总想不劳而获会浮躁；过度追求完美会浮躁；一个人急于成功会浮躁；无法忘记美好的过去会浮躁；盲目坚持无法实现计划会浮躁……

我们之所以浮躁，是因为缺乏幸福感和快乐感，太过于计较得失。如今，人们交谈的话题常常是："谁又升迁了"，"谁在股市里赚了多少钱"，

"谁家的房子有多大,"诸如此类,不绝于耳。在这种相互比较中,人们的心态难免会失衡。

一个人如果要求自己十全十美,或过分要求自己,在某一方面有成就,为自己制定不可能达到的目标,只能让自己永远当个痛苦者,永远也无法战胜浮躁。

用我们的心灵去倾听世界吧,不要让似水年华来去如风,飘走如云,散去如烟,不要让生命只留下一首悲凄的挽歌。

心灵悄悄话

你感到疲惫了吗?迷失方向了吗?怅然若失了吗?生活就是不断地否定自我,自我又是在不断地否定中走向成熟。

浮躁势必一事无成

浮躁就是心浮气躁,是成功、幸福和快乐最大的敌人。玫琳·凯是美国著名的女企业家,她以5000美元起家,用30年的时间,创建了一个年营业额达20亿美元的化妆品帝国。玫琳·凯在管理公司时,非常注意将部下的浮躁情绪激发成为热情与活力,让他们充满激情地投入到工作中去。她说,之所以这样是因为有一个变浮躁为激情的故事给了我莫大的启发。

有一次,玫琳·凯邀请了一位著名人士给公司员工做讲演。但是他的班机晚了点,因而在他到达之前,玫琳·凯不得不安排其他节目,并亲自上台讲演,直到得到暗示,说他已经到达后台。当玫琳·凯在台上介绍这位先生时,却发现他在后台捶打着自己的胸膛,不断地跳上跳下,看上去就像一只大猩猩。玫琳·凯心中忐忑不安:我的天!我正在这里说这些赞美之词,而他却如此"发作"。

当这位先生上台讲演时,他神采飞扬,充满激情,讲演极其精彩,效果出乎意料的好。事后,玫琳·凯问他;"你几乎把我吓了个半死。你为什么要在后台那样捶胸顿足,而且上蹿下跳?"

"玫琳·凯,"他说,"我的工作就是激励别人,但有些时候我自己却很糟糕,心情变得很浮躁。比如今天,飞机误点搞得我心浮气躁。但我知道你们正期待着一位有激情、有活力又满怀热忱的讲演者,尤其是我当看到观众席上那些充满希望的面孔时,更觉得我不能向你们诉苦,我必须做出一副很有活力的样子,同时用我的活力来激发他们的热情,而我发现,

只要做一些练习,捶自己胸膛就可以让自己心浮气躁的情绪马上变得热血沸腾,我刚才那样做就是为了把自己浮躁的情绪变成激情。"最后,他高兴地对玫琳·凯说,**"激情是浮躁的克星,在我们无法控制浮躁时,想法使自己马上变得热血沸腾,那么心浮气躁的情绪就会不消自灭了。"**

一个人不要过分忧虑危险事物发生的可能性,不要过分忧虑不幸事件一旦发生如何补救? 过分忧虑,反而会扰乱一个人的正常生活,使自己变得浮躁不安。人生要接纳失去的事实,不管人生得与失,总要让自己的生命充满亮丽,只有不再为失去掉泪,才能活出自己生命的精彩。

一个人要想战胜浮躁,最主要的还是靠自己。当然掌握一些具体的、行之有效的科学方法还是必要的。

浮躁的人是因为缺乏幸福感,缺乏快乐,太过于计较得失。其实幸福和快乐就在我们每个人的心里。只要你拭去心灵深处的浮躁,就能找到幸福和快乐。只要你在心中洒点水浇灭浮躁的烈火,浮躁就会减轻,一旦浇灭了心灵的浮躁之火,你会感觉到,其实我们很幸福、很快乐。

一个人在浮躁的时候,会感到身心疲惫,没有耐心,会突然变得茫然不知所措。浮躁的人,不能艰苦创业、不能脚踏实地、不能励精图治。浮躁还会使人失去对自我的准确定位,使人随波逐流、盲目行动、失去对家人、朋友的责任感。一个浮躁的人,会变得焦虑不安或急功近利,最终会失去自我。

生活中,我们经常看到一些人,做事缺少恒心、见异思迁、急功近利、不安分守己、总想投机取巧、成天无所事事,脾气大。面对急剧变化的社会,他们不知所为,对前途毫无信心,心神不宁,焦躁不安。

也许是现在真的不比从前了。社会变革对原有经济结构、分配制度的冲击太大,一些原有体制正在解体或成为改革的对象,而新的制度又尚未建立或完善起来。在这种情况下,人们就很难对自己的行为进行预测,很难把握自己的未来心态情绪。同时,伴随着社会转型期的社会利益与结构的大调整,有可能使一部分原来在社会中处于优势的人"每况愈

下"，而原来在社会中处于劣势的人反而高了起来。每个人都面临着一个在社会结构中重新定位的问题，即使是百万大款也不能保证他永远挥洒自如。那些处于社会中游状态的人更是患得患失，战战兢兢，忧心忡忡在上游与下游之间做文章。于是，心神不宁，焦虑不安，迫不及待追名逐利，就不可避免地成为一种社会病态心理。当今社会上诱惑太多，但又无力抵挡。

例如：当你翻开一些时尚报纸杂志，看到的不是哪个打工仔买彩票中了个数百万上千万的大奖，就是哪个美女被选上了"××小姐"；或是某某老板被入围"世界百名富豪"……再看看电视节目，不少是什么女模特比赛、知识竞赛大奖赛；收看电视节目也可拨号抽奖……一句话：人不在乎有多大能耐，只要运气好，都可成为名人，都有发大财的机会。

在这种浮躁心态的诱使下，不少职场中的年轻人不安心于现状，往往站在这山看着那山高，跳槽成了家常便饭。虽然人才自由流动是一种良好的用人机制，但对一个人来说，太过频繁地跳槽并不见得是一种好现象。因为他们日常思量的不是把现有的工作做到最好，而是反复寻觅有什么机会可以跳槽。这么做于人于己都不是什么好事，对个人发展不利，对企业也做不出什么成绩。正是因为经常中途下车，怎能迅速到达终点？或许有人会说："这辆车不是我想要坐的。"那么你连班次都没搞清楚就随便买票上车，未免太草率了吧？

浮躁是一个人成功的大敌。在追求成功的道路上，容不得半点浮躁心态。这是因为成功往往不会一蹴而就，而是需要一连串的奋斗，还需要坚持不懈地投入热情，也通常包含着某种时间因素。浮躁往往会伴随着我们一生，我们一生都在自觉或不自觉地同浮躁作斗争。做官浮躁，势必成为庸官；做学问浮躁，势必一事无成；做人浮躁，势必为人浅薄。只有战胜浮躁，我们才能够真正主宰自己。

一个人要自尊、自爱、自强、自立，就是在生活中，不活在别人的眼光里，不活在别人的价值观里。渴求别人的喜爱与赞扬，把别人的喜爱与赞扬当作是绝对需要，花费心思与时间去取悦他人，是失衡的心态。只有先

正其心,在心中添把火,燃起某些良好的希望,去追求事业的成功,才能从根本上战胜失衡的心态。

　　一天,有一对父子俩赶着一头驴进城,子在前,父在后,半路上有人笑他们:"真笨,有驴子竟然不骑!"父亲听了觉得有理,便叫儿子骑上驴,自己跟着走。

　　走了不久,有人议论:"真是不孝子,自己骑着驴让父亲走路!"父亲于是叫儿子下来,自己骑上驴背。

　　走了一会儿,又有人说:"这个人真是狠心,自己骑驴,让孩子走路,不怕累着孩子?"父亲连忙叫儿子也骑上驴背,心想这下总该没人议论了吧!谁知又有人说:"那头驴那么瘦,两人骑在驴背上,不怕把它压死吗?"

　　最后父子俩把驴子四只脚绑起来,一前一后用棍子扛着。在经过一座桥时,驴子因为不舒服,挣扎了一下,不小心掉到河里淹死了!

　　很多人做人做事就像这故事里面的那个父亲一样,太过于在乎别人的看法。人家说什么,他就怎么做。结果呢?总是不能令别人满意。

　　一般来说,渴求别人的喜爱与赞扬,把别人的喜爱与赞扬当作是绝对需要的人,活在别人的眼光里,生活在别人的价值观里的人是个不敢得罪任何人的"老好人"。"老好人"总想讨好每一个人,不管别人的意见对与错,他连想都不想,更不去反对。这种人凡事缺乏主见。因为他不能自己做出有效的判断,所以只能是谁说得似乎在理,就听谁的。

　　无论是出于什么样的考虑,你都要明白一点:想面面俱到讨好每一个人,那是绝对不可能的!因为你不可能顾及每一个人的利益。你自以为把事情处置得十分周全,但对其他人来说,他们或许还嫌你做得不够。换句话说,由于每个人的感受和需求都各不相同,所以,无论你怎样"周到",都会有人不满意!

　　如果事事都想做到面面俱到,结果肯定会把自己累死。因为你总是

小心翼翼地去揣摩别人的意思,担心别人是不是会满意,这多累啊!你不神经衰弱才怪呢。

　　照他人的模式生活,牺牲真正的自我,是天底下最愚蠢的人所做的事。实际上,在这个世界上为你自己负责的人只能是你自己。所以,不必在意他人的看法,更不能让他人来左右你的人生!

　　人生苦短,生命有限,生活中待我们去学去做的事情太多了,我们不必也不能把自己的许多时间和精力都耗费在如何对付"人言"上。抛弃这个思想包袱,集中精力去做自己该做的事,这是最积极、最有效的办法。

心灵悄悄话

　　　　心浮气躁、焦虑不安的情绪状态,往往是各种心理疾病的根源,是成功、幸福和快乐的绊脚石,是人生的大敌。

心灵多一份平静与豁达

现实生活中,所谓的"能人",都是能"修身""齐家","发财""致富"的人。能发财致富的人理所当然地受到人们的肯定。不能发家致富的人,将成为社会的落伍者,"没有本事"的笨人穷人。在这种社会环境下,人们的内心世界开始失衡了:某人赚了钱,某人升了官,某人买了车,某人盖了别墅……我本来比他们强,可我却不如他们风光体面! 对比之下产生了心理不平衡,而这种不平衡心理又驱使着人们去追求一种新的平衡。倘若在追求新的平衡中,你能不昧良知、不损害别人,自觉遵循道德的约束和限制,通过正当的努力和奋斗,去实现自己的人生价值,达到一种新的平衡境界,倒也是值得称道和庆幸的。**倘若在追求新的平衡中,不择手段,毫无廉耻,丧失道义,膨胀自私之心和贪欲之心,让身心处于一种失控的状态中,那么就必然会产生一些意想不到损人利己的可怕后果。**由此,你的人生必将陷入难以回旋的败局之中。

有个人原先曾是个表现不错、很能干也有实力的地方官员,因政绩突出,不断受到提拔。但在最近几年,当他知悉过去的同事、同学通过各种途径生活条件都比他好时,心里总不是滋味。想想自己的能力至少不比他们差,职位也比他们高,可钱却比他们抓得少。而且自己作为一地诸侯,担子比他们重,责任比他们大,工作也比他们辛苦,收入上却不如他们,于是深感不平衡,由此也就有了一定要超过他们的想法。于是在他任职期间,大肆收受贿赂,拼命敛财,欲望的洪水顿时倾泻而下,一发不可收,最终成了一名"死缓"的囚犯。

有一名年轻的教师,原先在教学上精益求精、兢兢业业,对学生无私奉献,赢得学生和家长的一致好评。但在一次朋友聚会的晚宴上,他看见一些人很富有时,心里顿时感到不舒服起来。此后他总在想,我怎样才能富有?于是,经常利用上班的时间做发财的梦,开始对教书不负责任。学生和家长意见很大,他得到了学校的黄牌警告,但他不但不悔改,而且每天还是想着发财。一次他在一个朋友的鼓动下,去做走私生意而被抓获。其结果是财没发成,还做了阶下囚。

不平衡使得一部分人心理自始至终处于一种极度不安的焦躁、矛盾、激愤之中。他们牢骚满腹、不思进取、工作中得过且过、做一天和尚撞一天钟、心思不专,更有甚者会铤而走险、玩火烧身,走上了危险的境地。一个要要想摆脱焦躁困扰必须要走出不平衡的心理误区。

不平衡心理源于比较方式不当,源于比较"参照系"选择的失误。那个地方官员和教师,他们所选择的比较"参照系"自然是那些风流倜傥的有钱人,自认为能力、才华不比他们差,而收获却比他们少,这是多么不公平啊!而其实,只要我们多想一想那些普通劳动者,我们的心理又何尝会有这样多的焦灼、急躁与失落,甚至是愤愤不平呢?面对着众多普通人,我们的心灵就会多一份平静豁达,就不会深受不平衡心理的折磨,就能够达到一种高尚的思想境界。

心底无私是治愈心理不平衡疾病的良药,只有心地无私,才能天地宽,保持心态平衡。才不会深受不平衡心理的折磨,达到一种高尚的人生境界。

如果你发现自己的浮躁的心态,是因为你整天被家人、朋友围绕着,耳边充斥着各种让人烦躁的噪音,整日忍受着繁忙的工作,家庭琐事的无穷折磨,每天的神经都绷得紧紧的,得不到一丝喘息的机会,那你就找一段时间什么也不做,认认真真地让自己彻底放松一下,这对解除你浮躁的心态,一定会有帮助。

一位事业有成的企业家，当他的事业达到巅峰时，他突然感觉到人生无趣，便特地跑到一家远近闻名的修道院请大师指点迷津。

大师告诉这位对人生感到毫无兴趣和信心的企业家："鱼无法在陆地上生存，你也无法在世界的束缚中生活；正如鱼儿必须回到大海，你也必须回归安息。"

"难道我必须放弃自己所有的一切，进入山里修炼，才能实现自己心灵的平静？"企业家无奈地回答。

"不！你可以继续你的事业，但同时也要回到你的心灵深处。当回到内心世界时，你会在那里找到企求已久的平安。除了追求生活上的目标外，生命的意义更值得追寻。"大师说。

在喧闹的人群里，我们往往听不见自己的脚步声。远离喧闹的人群，能让我们重新认识到自我的存在。

你可以从每天抽出 1 小时时间，一个人静静地待着，什么也不做。当然前提是，你要找一个清静的地方。也许刚开始这么做的时候，你会觉得心慌意乱，因为还有那么多事情等着你去干。你会想如果是工作的话，早就把明天的计划拟定好了这样干坐着，分明就是在浪费时间；可是，如果你把这些念头从大脑中赶走，坚持下去，渐渐你就会发现整个人都轻松多了。这 1 个小时的清闲让你感觉很舒服，干起活来也不再像以前那样手忙脚乱，你可以很从容地去处理各种事务，不再有逼迫感。你可以逐渐延长空闲时间，3 小时、半天甚至 1 天。

放松有助于减轻快节奏生活造成的压力，带给你安详平和的心境。抛开一切事情，什么也不干，把你从混乱无章的感觉中解救出来，让头脑得到彻底净化，这样做会给你的生活和工作带来意想不到的好处。

当回到内心世界时，你会在那里找到企求已久的平安。除了追求生活的目标外，生命的意义更值得追寻。

不盲从，不因袭他人，这对喜欢强调"由别人的观点来看事情"以增进人际关系的人来说，无疑是一大震撼。

涉世未深的年轻人，他们害怕别人对自己异样的目光，常常费尽心思去适应、融入到周围的环境中，他们逐渐失去了自己的棱角，成为一粒普通的沙子。

小孩喜欢与同年龄的人做相同的事，他们很在乎朋友及玩伴对自己的看法。他们需要被自己的同伴接受——这是他存在的最重要证据。假如这果些同伴之间的标准与父母的标准发生冲突，对他们也会造成极大困扰。对身为父母的人来说，这也正是最让他们头痛的地方。

当我们身处不熟悉的环境，又没有以往的经验可以参考的时候，最好的方法便是顺应一般人的标准——直到我们自己的经验和信心足以给我们力量，然后才能照着自己的信念和标准去做。

成熟的人从来不会去刻意顺应环境而逃避灾难。他们喜欢表现自我，展现自我的才华，让别人对自己另眼相看，他们有自己独特的思想，他们不会把自己的思想强加给别人。

一些认为自己负有某种特别使命的人，并不需要你向他们发表什么有关人生价值的长篇大论。这种人通常为热诚的使命感所驱使，因此变得义无反顾——一种强烈的内在力量，使他们能不顾一切地去面对各种困难。

但一般人便常常摇摆于各种团体的压力之间。他们的信念常常被绝对多数所压倒。当大多数人反对他们的时候，他们会对自己的判断失去信心。现实生活中，人们要坚持一项并不获得支持的原则，或不随便迁就一项普遍为人支持的原则，都不是一件容易的事。

任何人都应该充分发挥自己的才能，为社会创造更多的价值，这是每一个人存在的意义，对别人负责也是对自己负责。

在一次社交聚会上，谈论正转入最近发生的某个话题。当时，在场的人均赞成某个观点，只有一位男士表示异议。他先是客气地不发表意见，后来因为有人单刀直入地问他的看法，他才微笑道："我本希望你们不要问我，因为我是与各位站在不同的一边，而这又是一个愉快的社交聚会。

第三篇　拥有一颗平常心

但既然你问了我，我就把自己的看法说出来。"接着，他便把看法简要地说了出来，立即遭到大家的围攻。只见他坚定不移地固守自己的立场，毫不让步。结果，他虽然没有说服别人同意他的看法，却赢得大家的尊重。因为他坚守自己的观点，没有做别人思想的应声虫。

不可否认，当今最难要求自己达到的便是："保持自己的真面目。"在这充满了大众产品、大众传播及学校教育的当今社会，了解自己很难，要维持自己的本来面目更难。我们通常要受到外在因素的影响被认定为什么样的人，同时也把别人看作什么样的人，这样我们便失去了原有的性格而随大流。

普林斯顿大学校长哈洛·达斯指出："无论你受到的压力有多大，使你不得不改变自己，去顺应环境，但只要你是个具有独立性气质的人，便会发现，不管你如何尽力想用理性的方法向环境投降，你仍会失去自己所拥有的最珍贵的资产——自尊，随波逐流虽可一时得到某种情绪上的满足，却也时时会干扰你心灵的平静。"

"人们只有在找到自我的时候，才会明白自己为什么会到这个世界上来、要做什么事、以后又要到什么地方去等这类问题。"

一位哲人说："要想成为真正的'人'，必须先是个不盲从因袭的人。你心灵的完整性是不可侵犯的……当放弃自己的立场，而想用别人的观点去看一件事的时候，错误便造成了。"

活得自在点

人要活得自在点，就不能太爱面子。要在适当时学会说"不"。然而，在现实生活中，我们有时是碍于情面不敢说"不"，有时是不好意思说"不"，结果都一样：不是不该自己承担的事，统统落在了自己头上，就是硬着头皮接受超过自己能力负荷的工作，让自己面临崩溃的边缘。总之，一心讲牺牲，处处讨好人，最终会丧失自我，活得不自在。

最明显的现象莫过于，你总是强迫自己做一些你并不想做的事，即使有不满的情绪，你也强忍去做。**你认为别人把这些事情交给你做，是因为看得起你，信任你的能力**。如果你一旦拒绝，别人就会怪罪你，批评你不善于与人合作，使你产生一种罪恶感。总而言之，你不希望别人对你的印象被大打折扣。

在一个团体中，这种"讨好"的心理是可以理解的。行为心理学家称这种举动为"寄生依赖者"——企图凭借外在的人和事来提升自我的价值。然而，专家发现，绝大多数寄生依赖者都不快乐，他们内心很容易焦虑。这种人往往过度依赖别人的期望，活在别人的价值观里，渴求别人赞美来寻求自己的定位。如果不能得到好评，他们就会自责，怀疑自己是不是出了什么差错？

据分析，很多"工作狂"都是寄生依赖者。他们每天工作动辄超过十几个小时，就连节假日也不放过，他们兢兢业业，牺牲了个人的休闲以及与家人相处的时间。在他们全心全力投入工作之际，却日渐疏离了与家人的关系。这种过度依存于工作的工作狂，就像是沉迷于赌博或宗教信仰一样，行为完全被控制。

对工作狂而言，一旦不必工作，拥有了自由，就好像是遭人遗弃。所以，任何事他都想一手包办，那样可以让他觉得被人爱戴，代表自己是不可或缺的。你劝他："何必那么累？有些事可以交给别人做嘛！"他会用更坚定的语气回答你："我不做不行！除了我，还有谁能做？"表面看来，工作虽然是束缚，捆绑他动弹不得，其实反而让他觉得安慰，令他产生被人关心、被人需要的满足。因为他相信，当他卖力工作的时候，别人才会注意到他的一言一行。

还有的人，则是缺乏自信，担心拒绝别人，好像自己太懒惰，太不通情达理，会遭受责骂。他们害怕别人的权威，为了博取好感，维持与别人的关系，即使是无理的要求，也只得点头说"好"。

心理专家同时指出，比较起来，女性似乎比男性更容易成为寄生依赖者。因为女性从小就被教导要"服从""听话""温顺"，当别人有所要求时，"拒绝"是一种不礼貌的行为。因此，很多女性成长以后，周旋在丈夫、儿女、公婆、老板之中，她们极力扮演好各种角色，处处讨好别人，一旦她们发现自己力不从心，就会陷入极度沮丧的情绪之中。

事实上，我们常常过度在乎自己对别人的重要性。就好像我们常常听到调侃别人的一句话："没有你，地球照样在转动。"这句话的意思是说，没有什么人是不能被取代的。**如果你把每一件事都看成是你的责任，妄想完成每一件事，这根本是在自找苦吃。**

你真正该尽的责任是，对你自己负责，而不是对别人负责。你首先应该认清自己的需求，重新排列价值观的优先顺序，确定究竟哪些对你才是真正重要的。把自己摆在第一位，这绝不是自私，而是表明你对自己道德意识的认同。

你虽然赞成这种说法，可是你觉得还是有些为难，不知道该如何开口说"不"。真有那么困难吗？其实那是我们天生的本能。心理学家说，人类所学的第一个抽象概念就是用"摇头"来代替说"不"，譬如，一岁多的幼儿就会用摇头来拒绝大人的要求或者命令，这个象征性的动作，就是"自我"概念的起步。

毫无疑问,你在工作上是一个全心投入的人,而且几乎是到了鞠躬尽瘁的地步。主管交给你的任务,你从来不打马虎眼,要求你额外超时加班,你毫无怨言;同事拜托你的事,不管是不是你分内的职责,你总是不忍拒绝。其实,你早已忙得分身乏术,焦头烂额,但你还是强打精神地说:"没事! 没事!"没有人知道你累得半死,但是,你就是不愿开口对人说"不"!

如果你现在不愿说"不",继续积压你的不快,有一天忍耐到了极限,你再失控地大吼"不",面对难以收拾的残局,别人可能会反过头来不谅解地问你:"你为什么不早说?"

如果你想活得自在一点,就要勇敢地站出来说"不"。勇敢地说"不",不会给你带来麻烦,反而会替你减轻压力。记住,不必内疚,因为说"不"也是你的基本权利。

"不"固然代表"拒绝",但也代表"选择",一个人通过不断地选择来形成自我,界定自己。因此,当你说"不"的时候,就等于说"是",你"是"一个不想成为什么样子的人。

李国忠是软件工程师,有不错的工作环境,工作 3 年,年薪也靠上了6 位数。在旁人看来,他这么拼命有点自虐。但他认为:在软件业,每天都有新鲜东西出现,也许有一天早上醒来,曾经熟悉的程序,突然变得陌生,我被这个行业拒之门外,再也无法跨入。

广州一房地产公司的设计部主管阿富,每天在电脑前工作超过 15 小时,他的口头禅是:"一天不工作,我觉得就会被世界抛弃。"中国式的中产阶层薪水不断升级,却没时间享受生活。他们从来不把体力透支当一回事,浑身无力、容易疲倦、思想涣散、腰椎劳损等如家常便饭。"30 岁的脖子 60 岁的颈椎",成为工作狂的写照。包括教师、记者、研究人员等的职业病越来越多,中国知识分子的平均寿命每况愈下。

这种焦虑、烦躁、莫名的紧张,成为一种惯常心态,困扰着生活在大中

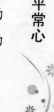

城市的现代人。唯有拼命工作，提升自己的不可替代性，才能保证自己的楼、自己的车能够继续供下去；才能保证孩子的学费甚至将来能出国留学；才能保证负担起家中老人患病、住院等的高昂医疗费。

要乐天知命，知足常乐。古人云："事能知足心常惬。"不要老是追悔过去，埋怨自己当初这也不该，那也不该。要保持心理稳定，不可大喜大悲。"笑一笑十年少，愁一愁白了头"，"君子坦荡荡，小人长戚戚"，要心宽，凡事想得开，要使自己的主观思想不断适应客观发展的现实。

不要企图让客观事物纳入自己的主观思维轨道，那不但是不可能的，而且极易诱发焦虑、抑郁、怨恨、悲伤、愤怒等消极情绪。另外，还要注意"制怒"，不要轻易发脾气。

心灵悄悄话

生活方式的不健康令压力无法排遣，造成了严重的心理枯竭，焦虑症，自我期许与竞争意识到头来反刃自伤，总是感觉没人分担所思所虑。

建立你的自信心

　　人生最大的悲剧莫过于丧失了自信,丧失了希望,这样会觉得没有明天,甚至要毁了今天。充满自信和激情地寻找生命的意义,每个人都能够做出一些了不起的事情。

　　吉拉德欲步入推销界的时候,曾因多次遭拒绝而感到极端沮丧。他的妻子搂住他说:"乔伊,我们结婚时空无一物,不久就拥有了一切。现在我们又一无所有,那时我对你有信心,现在还是一样,我深信你会再成功。"就在这一刹那,吉拉德了解到了一条重要的真理——"建立自己的信心,最佳途径之一,就是从别人那儿接受过来。"

　　吉拉德重新开始建立信心,他拜访了底特律一家大的汽车经销商,要求对方给自己安排一份推销工作。推销经理起初很不乐意。

　　"你曾经推销过汽车吗?"经理问道。

　　"没有。"

　　"为什么你觉得你能胜任?"

　　"我推销过其他的东西——报纸、鞋油、房屋、食品,但人们真正买的是我,我推销自己,哈雷先生。"

　　此时的吉拉德已建立了足够的信心。

　　经理笑笑说:"现在正是严冬,是销售的淡季,假如我雇用了你,我会受到其他推销员的责难,再说也没有足够的暖气房间给你用。"

　　"哈雷先生,假如您不雇用我,您将犯下一生最大的错误。我不抢其他推销员的店面生意,我也不要暖气房间。我只要一张桌子和一部电话,

两个月内我将打破您最佳推销员的纪录,就这么定了。"

哈雷先生终于同意了吉拉德的请求,在楼上的角落里,给了他一张满是灰尘的桌子和一部电话。

就这样,吉拉德开始了他的汽车推销生涯。不久,他真的成功了。

一个人如果缺乏自信心,就会缺乏探索事物的主动性、积极性,其能力自然要得到约束。

你认为自己是宝石,你才会成为宝石。

1984 年,在东京国际马拉松邀请赛中,名不见经传的日本选手山田本一出人意料地夺得了世界冠军。当记者问他凭什么取得如此惊人的成绩时,他说了这么一句话:凭智慧战胜对手。

当时许多人都认为这个偶然跑到前面的矮个子选手是在故弄玄虚。马拉松赛是体力和耐力的运动,只要身体素质好又有耐性就有望夺冠,爆发力和速度都还在其次,说用智慧取胜确实有点勉强。

两年后,意大利国际马拉松邀请赛在意大利北部城市米兰举行,山田本一代表日本参加比赛。这一次,他又获得了世界冠军。记者又请他谈谈经验。

山田本一性情木讷,不善言谈,回答的仍是上次那句话:用智慧战胜对手。这回记者在报纸上没再挖苦他,但对他所谓的智慧还是迷惑不解。

10 年后,这个谜终于被解开了,在他的自传中,他是这么说的:

每次比赛之前,我都要乘车把比赛的线路仔细地看一遍,并把沿途比较醒目的标志画下来,比如第一个标志是银行;第二个标志是一棵大树;第三个标志是一座红房子……这样一直画到赛程的终点。比赛开始后,我就以百米的速度奋力地向第一个目标冲去,等到达第一个目标后,我又以同样的速度向第二个目标冲去。

40 多公里的赛程,就被我分解成这么几个小目标轻松地跑完了。起初,我并不懂这样的道理,我把我的目标定在 40 多公里外终点线上的那

面旗帜上,结果我跑到十几公里时就感到疲惫不堪了,因为我被前面那段遥远的路程给吓倒了。

在现实中,我们做事之所以会半途而废,这其中的原因,往往不是因为难度较大,而是觉得成功离我们较远,确切地说,我们不是因为失败而放弃,而是因为倦怠而失败。在人生的旅途中,我们稍微具有一点山田本一的智慧,一生中也许会少许多懊悔和惋惜。

设定一个正确的目标不容易,实现目标更难。把一个大目标科学地分解为若干个小目标,落实到每天中的每一件事上,不失为一种大智慧。

有一位年老的富翁,非常担心他从小娇惯的儿子的前途,虽然他有庞大的财产,却害怕遗留给儿子反而带来祸害。他想,与其留财产给孩子,还不如教他自己去奋斗。

他把儿子叫来,对儿子说了他如何白手起家,经过艰苦的拼搏才有了今天的成就。

父亲的故事感动了这位从未出过远门的青年,激发了他奋斗的勇气,于是他立下誓愿:如果不找到宝物绝不返乡。

青年打造了一艘坚固的大船,在亲友的欢送中出了海。他驾船渡过了险恶的风浪,经过无数的岛屿,最后在热带雨林中找到了一种树木,这树木高达十余米,在一大片雨林中只有一两株。砍下这种树木经过一年的时间让外皮朽烂,留下木心沉黑的部分,会散发一种无比的香气。放在水中,它不像别的树木浮在水面上,而是会沉到水底去。青年心想:这真是无比的宝物呀!

青年把这香味无以比拟的树木运到市场上出售,可是没有人来买他的树木,这使他非常烦恼。偏偏在与他相邻的摊位上有人在卖木炭,那小贩的木炭总是很快就卖光了。刚开始的时候青年还不为所动,日子一天天过去,终于使他的信心动摇,他想:"既然木炭这么好卖。为什么我不把香树变成木炭来卖呢?"

第二天,他果然把香木烧成木炭,挑到市场,一会儿就卖光了,青年非常高兴自己能改变心意,得意地回家告诉他的老父。然而他老父听了,却忍不住落下泪来。

原来,青年烧成木炭的香木,正是这个世界上最珍贵的木材"沉香",只要切下一小块磨成粉屑,价值就会超过一车的木炭。

许多人手里有"沉香",却不知道它的珍贵,反而羡慕别人手中的木炭,最后竟丢弃了自己的珍宝。还有些人虽知道成功是自己伟大的心愿,一开始也有不成功不罢休的气概,但他们看到成为平庸的人最容易、最不费工夫,最后他们就出卖了自己珍贵的志愿,成了一个平庸的人。

心灵悄悄话

自信心对一个人一生的发展所起的作用是无法估量的,无论在智力上还是体力上,或是做事的各种能力上,自信心都占据着基石般的支持地位。

多一点儿耐心

浮躁的典型症状是:渴慕名利、贪图虚荣、崇尚享乐、抱怨生活、患得患失、嫉妒别人、喜怒无常、骄傲自满、频繁跳槽;爱攀比、无止境、心迫切、路不正;时常表现为心里盲动、焦虑、不宁。

一个老婆婆在屋子后面种了一大片玉米。一个籽粒饱满的玉米说道:"收获那天,老婆婆肯定先摘我,因为我是今年长得最好的玉米!"可收获那天,老婆婆并没有把它摘走。

"明天,明天她一定会把我摘走!"很棒的玉米自我安慰着。第二天,老婆婆又收走了其他一些玉米,可唯独没有摘这个玉米。

"明天,老婆婆一定会把我摘走!"棒玉米仍然自我安慰着,可从此以后,老婆婆再也没有来过。

直到有一天,玉米绝望了,原来饱满的颗粒变得干瘪坚硬,整个身体像要炸裂一般,它准备和玉米秆一起烂在地里了。可就在这时,老婆婆来了,一边摘下它,一边说:"这可是今年最好的玉米,用它作种子,明年肯定能种出更棒的玉米!"

在这个故事中,玉米的经历和生活中的成功者的经历是相同的。没有一个真正的成功者是一帆风顺的,困苦和磨难是打造成功者所必需的秘方。"千淘万漉虽辛苦,吹尽狂沙始到金。"只有在经历千辛万苦之后,才能到达成功的彼岸。但很遗憾的是,很多人并非没有成为成功者的潜质,也并非没有能力,只是他们缺少了一点点耐心。

心
态
——
千
磨
万
击
还
坚
劲

正如故事中的玉米,它对自己的信心在一次次的失望后,被彻底的打消了,于是就选择了放弃,但幸运的是,老婆婆还是发现了它。生活中我们也许没有玉米那样的幸运了,所以我们就要多一点儿耐心,也许你一直都很相信自己,但你是否有耐心在绝望的时候再等一下!也许不远的前方就是耀眼的光明。

人生的大道不可能永远是坦途,困难、挫折,甚至是绝境都是在所难免的。绝境并不可怕,只要人不绝望,只要心中与困境作斗争的勇气仍在,即使山穷水尽,也会有柳暗花明的时候。只有在经历千辛万苦之后,才能到达成功的彼岸。

我们只有拭去心灵深处的浮躁,才能找到幸福和快乐,那么,幸福和快乐在哪里?幸福和快乐其实就在我们每个人的心里。

第二次世界大战期间的某间谍,为盟军工作。在一次行动中,他不幸被德军所俘,由于他手中有许多重要情报,德军威逼利诱,各种手段无所不用。可他决心把牢底坐穿,硬是让德国佬一无所获。于是,便有高人出了一个主意,把他弄到专门培养德国间谍的学校里去,当了一名校工。

他可以在校内任意走动,但有一条,就是老师来讲课时,他必须负责倒一倒水,分发点无关紧要的资料。这样,他在老师上课时无法走开,能够一直听着老师的讲课。来这里讲课的老师都是间谍界名宿,一个个大名鼎鼎,他是久仰了。谁知道,他们的课却无一例外地都讲得十分糟糕。起先,他只是觉得可笑,这些德国名间谍原来就这么个水平啊!行啦,你们都养着这样的间谍老爷咋不败哩?哎呀,只遗憾自己竟落到这一群笨蛋手里了,多么可悲呀!

后来,他发现这些人其实连最起码的常识也没有弄懂,就在那儿夸夸其谈,大言不惭当起师爷来,嘴尖皮厚腹中空,这不是误人子弟、误尽苍生吗?要是没有听见倒也算了,天天听着这样胡说八道,不明显地让人心里添堵吗?

慢慢地,他就觉得自己在乎起来了,心中总有什么不能释然,于是,在

教授终于走出课堂而让学员讨论问题时,他插话了,告诉他们应该如何如何,不该如何如何。就这样,他把许多在严刑酷打下也不肯泄露口风的秘密,在对间谍老师的纠错中,一点点给挖去了……

难怪德军高级间谍扬扬得意地说:"人都有软筋,只要找准它,没有什么人是战胜不了的。"那么,他的软筋是什么呢?是敬业成了习惯!他改不了啦,竟然不顾一切地要维护职业的严肃性,竟然不顾出卖战友,把多少战友的性命搭上,去维护他心中的那一点扯不断理还乱的"敬业琴弦"。

但是,这位间谍假如不是浮躁的心态作怪,他能轻易地露出自己的软筋吗?如果他能心平气和,而不是心浮气躁,他就能把握住自己的习惯。由此看来,浮躁是习惯的舞台,是滋生坏习惯的沃土。

当某种习惯已经影响到你的做人处世的时候,对这样的习惯,无论是好的还是坏的,你都要十分在意,因为它们已经到了足以影响你事业成败的程度。

每个人都必须重新审视一下自己在生活、思维、做事、做人等方面所有习惯。把你的习惯详细地写下来,一一加以"鉴定"。对事业、健康以及家人有利的习惯,继续坚持;坏习惯则要改正,而且是立刻改正。

在你过去的行为当中,你的行动曾受欲念、情感、偏见、贪婪、恐惧、环境、习惯所支配,而在这些支配你行为的卑劣德行里,最坏的就是恶习。因此,如果我要服从习惯的话,就一定要服从良好的习惯,将坏习惯全部摧毁。

如果你想成功,你首先得做一个有毅力且意志坚定的人,那就首先从改变坏习惯开始吧!

世间万物,都有其内在的规律。人的浮躁也一样,也有内在规律。比如,目标过高会被浮躁困扰,从而对生活失去信心,甚至开始厌恶自己。言下之意就是一个人的目标太高了,就会对目标的期望值太高,这时候就应适当地降低自己的期望值,只有这样,才能从实际出发,合理定位自己

第三篇　拥有一颗平常心

的目标。

一天，一只茧裂开了一个小口，恰好被小李子看到了蛾变成蝴蝶这一幕，他便仔细观察，他发现幼虫在艰难地将身体从那个小口中一点点地挣扎出来，但是几个小时过去了，幼虫的身体只是刚刚露出一点，接下来，幼虫似乎没有任何进展了。

看样子它似乎已经竭尽全力，不能再前进一步了，小李子实在看得心疼，便决定帮助一下幼虫。他拿来一把剪刀，小心翼翼地将茧壳破开，幼虫便很容易地挣脱出来。但是，挣脱出来的幼虫身体萎缩，身体很小，翅膀紧紧地贴着身体。

小李子接着观察，期待着在某一时刻，蝴蝶的翅膀会打开并伸展起来足以支撑它的身体，成为一只健康美丽的蝴蝶。然而，这一刻始终没有出现！

这只蝴蝶在余下的时间里，都是在极其可怜的带着萎缩的身子和瘪塌的翅膀在爬行，它永远也没能飞起来。

其实，这个好心的小李子并不知道，蝴蝶从茧上的小口挣扎而出，这是命运的安排，只有通过这一挤压过程将体液从身体挤压到翅膀，它才能在脱茧而出后展翅飞翔。

同样的，在我们的生命中有时候也需要奋斗乃至挣扎。如果生命中没有障碍，我们就会很脆弱。我们不会像现在这样强健，我们将永远不能飞翔。所以做人万万不可急躁。

鲁国城郊飞来一只罕见的海鸟。鲁侯以为这是只神鸟，令猎人们把它捉住，猎人们捉住海鸟献给他。鲁侯把海鸟当成贵宾，亲自把它迎接到祖庙里，毕恭毕敬地设宴迎接，下令高级厨师每天给海鸟准备丰盛的酒席，叫乐队演奏高雅的乐曲，让海鸟欣赏优美的歌舞。可是那只海鸟却被吓得神魂颠倒，连一点儿东西也不敢吃，一滴水也不敢喝，3天后就活活

饿死了。

　　鲁侯对海鸟真是关怀备至,尽心尽力,可他是用供养自己的办法来养海鸟,海鸟怎么受得了呢? 鲁侯的主观愿望是好的,但是,他的主观愿望再好,违背了海鸟生活的客观规律,其结果只能适得其反,使海鸟一命呜呼。

　　世间万物,都有其内在的规律。人只能认识和利用规律,而不能抗拒、违背规律,不然的话,你的主观愿望再好,也要受到规律的惩罚,导致失败。

　　关心别人是美德,但无须为别人的困难感到难过,需要的倒是帮助他人面对自己的困难与情绪困扰,不能靠想当然地去帮别人,那样做的结果往往不会给对方带来幸福,反倒有可能犯下小李子或"鲁侯养鸟"式的错误。

　　规律具有客观性和不可抗拒性,我们可以发挥主观能动性,认识和利用规律。但是,我们发挥主观能动性,必须以尊重客观规律为前提。

心灵悄悄话

┌──┐
│　　人如果时时事事都依赖他人,是不可能的,正确的态度应该是独│
│立面对生活中的种种问题,并在独立面对中增加自主能力,使自己不│
│断成长。│
└──┘

第四篇

学会给心灵松绑

人的心灵是脆弱的，需要经常地激励与抚慰。常常自我激励，自我表扬，会使心灵快乐无比。学会给心灵松绑，就是要给自己营造一个温馨的港湾，常常走进去为自己忙碌疲惫的心灵做做按摩，使心灵的各个零件经常得到保养。人生在世，难免都会遭遇不如意，人际紧张、事业不顺、情场失意，这些变故也许就在人们不经意间闯入生活，虽然它们备受人类厌恶，但是仍有一些人可以笑着迎接它们的到来，在变故面前保持着乐观的心态。面对这些生活上的不如意，你是否也能够做到泰然处之，临变不惊，处变不乱呢？

保持乐观,及时清除负面情绪

开朗的性格不仅可以使自己经常保持心情的愉快,而且可以感染你周围的人们,使他们也觉得人生充满了和谐与光明。

人生在世,难免都会遭遇不如意,人际紧张、事业不顺、情场失意,这些变故也许就在人们不经意间闯入生活,虽然它们备受人类厌恶,但是仍有一些人可以笑着迎接它们的到来,在变故面前保持着乐观的心态。面对这些生活上的不如意,你是否也能够做到泰然处之,临变不惊,处变不乱呢?

乐观的生活态度便是生活的阳光。如果你能够乐观地面对生活中的变故,那么无论遇到什么,你的生活也一定都是灿烂的。但是如果你发觉自己的生活总是被阴霾笼罩,那说明你还没有学会真正的乐观,是你的负面情绪阻挡了快乐的到来。

著名发明家贝尔曾费尽大半生的财力,建立了一个庞大的实验室。但是不幸的是,一场大火将他的实验室化为灰烬,造成了严重的损失,他一生的研究心血几乎都付之一炬。

当他的儿子在火场附近焦急地找到父亲时,他看到已经67岁的父亲居然一个人静静地坐在一个小斜坡上,看着熊熊大火烧尽一切。

贝尔见儿子前来找他,突然扯开喉咙叫儿子快去找他的妈妈来:"快把她找来,让她也看看这场难得一见的大火!"

大家都认为大火可能对贝尔造成了严重的打击,精神有些失常了。但是贝尔却说:"大火烧尽了所有的错误。感谢上帝,我又可以重新开

始了。"

没多久，贝尔的新实验室就又建立起来了。时至今日，贝尔实验室已经成为科学家的摇篮。

不幸的故事同样在演绎，但是在不同人的手中，却呈现出不尽相同的结果。有些人能在不幸的阴霾背后看到阳光，用坚定、乐观的目光追逐幸福的方向。有些人却因为不堪打击而捶胸顿足、痛不欲生、以泪洗面，并一蹶不振、日渐萎靡，成为不幸的奴仆，在苦难中自甘毁灭。悲观思想引发的负面情绪，让他们深陷于对人生的困惑中无法自拔。

没有什么苦难比乐观的心态更强大，没有什么不幸比快乐的情绪更有召唤力。乐观不仅是一种生活态度，也是一种涵养，更是一种对人生的领悟和透视，一种主导人生航向的坐标，一种生活的智慧。用乐观的心态与命运抗衡，用乐观的心态化解不幸，那么一切都会被我们画上积极的色彩，使我们成为主导快乐的主体，引导人生驶向快乐的彼岸。

把握住乐观的心态，我们也就把握住了人生的快乐航向，即便人生有再多风浪，也会因有快乐护航而愈显美好。那么在现实生活中，我们应该如何培养自己的乐观心态，从而使自己免受负面情绪的影响呢？

把目光锁定在积极的层面上

在生活中，有些人之所以会表现出负面情绪，是因为他们将注意力过多地放了那些令他们不愉快的事情上。当你受到不公平待遇时，你是否将注意力都集中在了对得失的关注上？当你遭遇所谓的苦难或不幸时，你是否将目光都锁定在那些令你痛苦的感觉上？如果你总是关注事物消极的一面，那么你便会被一系列的负面情绪所包围，很难会有轻松快乐的时候。

任何事物都有正负两面,当你将目光放在那些正面因素上时,你便已经开始锁定快乐了。在遭遇不如意时,你应该努力寻找其中的正面因素,并持续关注它们,建立积极快乐的情绪,以此击退那些负面情绪,逐渐摒弃它们对你的影响。

在知足中寻找快乐

整日眉头紧锁的人,常常是那些追求尽善尽美的完美苛求者,因为无法获得令自己满意的现状,所以他们总是被负面情绪所困扰。欲望所带来的压力,总让他们关注那些自己未能得到的东西,他们总是为此郁郁寡欢。其根本的原因是无穷的欲望,让他们丧失了快乐。

懂得知足,才不会被欲望折磨,才能因为自己所拥有的满足而感到快乐。乐观的人,不会因为人生的失去而悲伤痛苦,因为失去是暂时的;知足的心态,常常令他们为自己所拥有的一切而欢呼、快乐。将自己置身于人生所拥有的一切当中,你便会被快乐所包围。

不做人生的苛求者

郑板桥说:"难得糊涂。"在生活中,那些乐观者往往都是不计较、不挑剔的"憨厚"人,因为不会将注意力放在对是非分明的过分纠缠上和对人生缺陷的不满上,所以他们总是生活得很快乐。

凡事不要过于挑剔,完美总是可望而不可求的,世界上没有完美的东西,你应该多去注意自己所拥有的,努力使自己的人生更美好,但绝不挑剔、指责和抱怨,带着这样的态度去生活,你便会变得快乐而积极,成为主

导自我人生快乐的主人。

学会转移痛苦

　　人生莫测,是苦是乐都需要勇敢面对,泰然接受,但是接受并不是终点,除了行动起来扭转现状之外,有时也需要自我疗伤。对于不佳情绪的处理,我们可以使用自我意识改变的方法,也就是自我暗示,但是有时候,有些人往往无法清晰感知这种自我暗示的力量,排潜痛苦,所以如果你发觉情绪因生活而动荡不安、无法扭转时,不如将一些美好的事物带人情绪中,驱赶走那些不良情绪,转移自己的情绪,以获得心灵的放松。

　　如听一些优美的音乐、看几场有趣的电影、同好朋友一同出外旅游、写写日记、听听相声笑话,或是到健身房做做运动,通过外界事物的力量,排潜痛苦,让自己的注意力从那些不愉快的事物上转移开来。

　　用乐观的心态去面对生活,带着快乐的心境欣然接受一切,对现实做一些小小的让步,放弃那些所谓的"负担",那么即便它再艰苦,我们也不会为此而沮丧至极。

快乐的力量

　　成功的秘诀就在于懂得怎样控制痛苦与快乐这股力量,而不为这股力量所反制。如果你能做到这点,就能掌握住自己的人生,反之,你的人生就无法掌握。

　　身处快乐之中,人们总会感觉时间过得飞快,但是若处在痛苦的情绪中,那么便如同被时间抛弃,像走上了时光隧道的倒梯。人们总是觉得快乐太短,痛苦漫长,其实是因为快乐让人们充满热忱,从而忽略了时光,痛苦则让人们失去热忱,从而用心灵绑定了时光。

　　伟大的成功学导师拿破仑·希尔曾经讲述过这样一个有趣的故事:塞尔玛是一名军人的妻子,因为丈夫需要奉命到一个处在沙漠之中的陆军基地进行较长时间的演习,所以塞尔玛陪同丈夫一同前往。白天,塞尔玛便独自一人留在陆军的小铁皮房子里,在那个最高温度约69度的炎热之地,塞尔玛找不到一个可以说话的人,因为她的身边只有墨西哥人和印第安人,而他们不会说英语。于是塞尔玛每天只能盼着丈夫早点回来,感觉度日如年,而与丈夫相聚的时间她却总是感觉短暂无比。每天重复着这样的生活,她的心情沮丧到了极点。后来,她再也忍受不住时间的煎熬,写信给她的父母,强烈表明了自己内心的孤寂和对现实的难以接受,她不顾一切地要求回家去。不久,她接到了父亲的回信,信上只写了两句话:两个人从牢中的铁窗望出去,一个看到荒野,一个却看到了星星。

　　塞尔玛拿着这封信读了许久,决定在沙漠中找到星星。于是她走出小铁屋,试着和当地人交朋友。当地人的反应令她受宠若惊,人们并没有

第四篇　学会给心灵松绑

像她想得那样冷漠,相反还十分热情。当她表示对他们的陶罐和纺织品感兴趣时,他们便大方地将不舍得卖给客人的陶器和纺织品送给她,与她分享食物和快乐。当地人还带着塞尔玛看日落、寻找海螺壳,她还学习了有关土拨鼠的知识,并研究起那些引人入迷的仙人掌和各种沙漠植物、物态等,处境的改变让塞尔玛对那里充满了好感,她每天都觉得时间过得飞快,一切在她眼里都变得生机勃勃。后来,塞尔玛的丈夫演习结束,准备离开这片沙漠,塞尔玛竟然发觉自己对那里已经产生了感情,甚至不想离开了。回来之后,塞尔玛将她的经历写成了一本书并出版发行,名字叫《快乐的城堡》。

美国自然科学家、作家杜利奥提出过著名的"杜利奥定理":没有什么比失去热忱更使人觉得垂垂老矣。当一个人失去生活的热情,那么他眼中的世界也就失去了生机,一切变得停滞不前。可见,情绪掌控着人的心灵对世界的感受,支配着人们的日常活动和思想状态,甚至人们一生的命运。只有好情绪,才能引领人们感受世界脉搏的勃勃跳动,获得无限的生命活力和生活热情。

塞尔玛父亲的一句话,不仅改变了塞尔玛沙漠之行的生活,而且也完全改变了她的人生,使她明白了乐观的真谛,也找到了快乐的生活状态。从铁窗中看到星星,正是一种乐观心态的写照。**从乐观的视角去看待所谓的痛苦,那么就能在痛苦背后看到快乐,痛苦也就不再成为痛苦,原本灰暗的世界,也会重新焕发光彩。**

在生活中,每一个人都在感叹快乐时光转瞬即逝,禁不住令人留恋万分,也深知痛苦所带来的负面感受,但是很多人却仍然在坎坷来临时深陷痛苦无法自拔,把自己放在度日如年的时光里,并祈求能有快乐的事情快点到来,拯救痛苦中的自己。其实快乐是不会主动出现的,它只能通过我们去制造,去追寻,而乐观的心态便是快乐产生的源泉。乐观是快乐的最原始形式,你只要拥有了乐观,也便拥有了快乐。

所以不要担心自己身边没有快乐。当你被痛苦的事情包围时,可能

对于如何找到快乐没有头绪,其实你只要通过一些简单的方法,便能让快乐涌现,让痛苦的感觉消失于无形。

在痛苦中寻找积极因素。万事皆具两面性,悲观的人即便在那些"好事"中也能找到担心的理由,而乐观的人却总是能从所谓的困境中找到积极的一面。从积极的角度去看待那些令你感觉不好的事,积极发掘其中的正面因素,让自己在黑暗中看到曙光。

专注于那些积极因素。列举找到的那些积极因素,集中全部精力用心地关注它们,这会使你感觉到这些因素正在逐渐强大,改变你对事物原有的认识。接着,你应该试着感受这些积极因素给你所带来的感受。

自我制造良好感受。假设自己处在一个很好的氛围中,并下意识地感受这种氛围的存在,让自己产生良好的感觉,这会让你产生更多动力和快乐,让你有更多的力量应对现实中的问题。

将快乐的感受带入自己的生活。将你的感受带入你的生活,带着积极、快乐的情绪去解决现实中的问题,你会发现时间不再那么漫长难挨,而且快乐的情绪也有助于激发你的行动力,更快地解决问题。

持续感受那些积极因素的力量,持续感受上述那些美好的感觉,让自己处在一个良好的频率上,帮你变得快乐起来。

驱散悲观的心态

不要因为失去而抱怨，享受你所拥有的。

人生总是一路起伏，如同时而宁静时而澎湃的大海，不但给予我们宁静安详，而且还会使我们经受惊涛骇浪的恐惧和伤害，甚至还要背负由此所带来的生命伤痛。但是无论是艳阳高照还是疾风骤雨，都如同海上的天气一样，我们都不具备更改的能力，在面对人生中的不如意时，我们能做的就是接受它，并思考如何才能在疾风骤雨中保护好人生的航船，不要因此而迷失方向。如何做才能在这种不如意中生活得更好，去体现自己人生的价值呢？

心态就是人生的航向，当人生遭遇风雨跌宕时，正确的心态能帮助我们认清前方的路，而错误的心态却会将我们带入万劫不复的深渊。面对人生中的不如意，我们不应该悲观失望，而是要拿出乐观、平静的人生态度，就仿佛我们一路都行驶在平静安详的海面上一样，并感谢这种不如意所给予我们的历练，用强大的、感恩的心去把握自己的人生。中国台湾画家谢坤山就用乐观与感恩的心书写了一部人生的传奇。

16 岁时，谢坤山在打工时不甚触到了高压电，虽然经过抢救保住了性命，但是却不得不因此接受截肢手术，他的左臂切到腋下，右臂也只剩一截残根，右小腿也切去了。一转眼四肢健全的自己就只剩下一条腿了，看着自己的样子，谢坤山如坠地狱，他的母亲在病房里"嘤嘤"地痛哭着，谢坤山躺在病床上，没有哭也没有喊，看着悲痛的亲人，他并没有绝望，更没有想过要了结生命，因为他知道面对厄运无休止地抱怨，只能给自己和

家人带来更多的痛苦。

出院之后，谢坤山因为无法拿餐具吃饭，所以一直由母亲喂饭，但是他希望可以自己吃饭，让家人减轻负担。于是他绞尽脑汁想了几天之后，终于琢磨出一套特别的餐具，利用自己仅有的一截残臂，他吃到了手术后自己舀起的第一口饭。

正当谢坤山为自己接下来的生活迈开了第一步时，他的母亲却因不堪这重重一击而住进了医院，这一住就是半个月。没有了母亲的照顾，谢坤山也一连半个月没有洗澡，于是他借助毛巾、衣服夹等用品，想尽办法，用残缺的右臂打开了水龙头，独自洗了手术之后的第一次澡。当病愈的母亲心疼地问他如何擦干身子时，他骄傲地说："身体挤进衣服时，衣服就帮我擦干啦！而且我的体温一会儿就把衣服烘干了。"

接着，谢坤山又开始学习写字。没有手，他就用嘴叼着笔，虽然开始总是写得歪歪扭扭，口水还经常浸满白纸，但是他却每日坚持不断地练习着，直到后来，他的字写得井然有序又隽永娟秀。

然而祸不单行，在谢坤山高二那年，妹妹帮助他将破旧的书页重新扯下装订成册，他在一旁毫无察觉地观望时，又被妹妹撕扯书页的手臂撞到了眼睛，钻心的疼痛几乎让他难以承受，赶到医院后，得知情况不容乐观，但谢坤山却乐观地说："最坏的打算就是右眼看不见呗。"一个身体残缺的人又遭遇了眼疾之痛，竟能如此乐观，所有人都深感惊讶。经历了长时间的手术，也忍受了无比的疼痛，最终，他的右眼视力还是丧失了。为此他的妹妹常常感到对不起他，但是他却从未因此而消沉，还反过来劝慰起妹妹："没什么！俗话说，对纷扰的世事要睁一只眼、闭一只眼，哥哥的右眼看不见，那就看不见别人的缺点，尽看世界美好的东西，心境不是更开阔吗？"面对生活如此感恩的人，怎能不受到生活的眷顾呢？

谢坤山在 23 岁的一天，从床上一跃而起，对家里人说："我要做一名油画家！"家人听后都觉得他的话简直是天方夜谭，亲友们劝他不如上街行乞，给自己找一条实在的谋生之路。但是谢坤山却坚决地说："不，我要有尊严地活着！"就这样，他开始了艰难的学画生涯。一次，谢坤山在电视上看到三重铺有一家专门为残障者提供膳宿的习画团体,于是便想搬到那里去学画,面对母亲的反对,谢坤山请求道:"妈妈,你总不能照顾我一辈子,让我自己去闯一闯吧……"谢坤山迈出了学画的第一步。

学画中,一次,谢坤山和朋友前往台湾历史博物馆观赏了著名油画家吴炫三的画展。看到那栩栩如生的油画作品,谢坤山深感震撼,一股崇敬之情油然而生。他立即做出了一个新的决定:要拜吴炫三为师!于是他找到吴炫三,勇敢地说道:"老师,我能不能跟你学画?"

就这样,谢坤山得到了一个在吴老师教授的艺专旁听学画的机会。谢坤山为了见到老师,辗转换了几趟公交车,连续去了两次,却没有看到吴老师的影子,终于,在第三次时,他的意志感动了吴炫三,并对他说:"我知道你三踏师门,有此恒心,将来必成大器。"于是,谢坤山正式成了吴炫三的学生。

拜师学画是个苦差事,对于谢坤山来说就更加困难,他每天从出门到回家要整整12个小时,因为无法拉开裤门上厕所,他只能忍着,以至于憋出了血尿,后来还是他发明了一个钩子,解决了这个难题。

潜心学画一年后,谢坤山的画技增长迅速,为此他的老师邀请台北美术界人士,为他办了一个酒会形式的画展。这一展出一下子引来好评如潮,仅有的18幅油画,全部被收藏。这场展出让谢坤山大受鼓舞,接下来,他把自己的全部精力都投入到了绘画事业,同时他的乐观心态也从未消失过,而且还总是把欢乐带给身边的人。

一次,谢坤山挎着背包去赶飞机,但是到了登机口,发现自己的登机牌还在背包里,虽然他自己能够拿出来,但他却叫检票的小姐帮助自己,女孩先是一阵惊愕,之后便很快地帮助他取票、验票,并准备装回他的背包。这时谢坤山要求女孩将票插在他上衣口袋里,女孩例行照做了。临走时谢坤山用下巴指指口袋,问女孩:"知道为什么要放在这里吗?"女孩一脸茫然地摇了摇头。谢坤山调皮地笑笑,小声说道:"这样看起来比较帅。"他的神情和这句话一下子把女孩逗乐了。

现在的谢坤山任职于国际口足画艺协会,担任董事,他的绘画作品不

仅做成卡片和挂历销售到世界各地,而且他还经常到世界各地讲学。虽然身体上残缺,但是他的生命之火却始终燃烧得热烈鲜艳。面对人生的不幸他靠的是乐观感恩的态度,为自己照亮了人生前行的路。他不仅对自己的生活十分乐观,而且还抽出时间到医院做义工,传递自己的快乐,帮助那些绝望的人们。就连指导他绘画20年的恩师吴炫三先生也感慨万千地说:"他过去是我的学生,现在是我的精神老师!感谢上苍,让我与他缘识此生。"

其实生活中有很多值得我们感恩的事,只是我们善于发现,太阳从不吝啬自己的能量,无私地给予我们温暖和光明,月亮也常会展现她清幽的容颜,为人世间增添一份美丽。大自然蕴含着丰富多彩的情趣。仲夏的蝉鸣,寒冬的雪花,秋天的红叶,春天的柳绿花红,都那样自然而又不求回报地为我们描绘着生活的画卷,……只要拥有善于发现的眼睛,看到生活中的美丽,我们便能时刻充满感恩。**每时每刻培养自己的感恩意识,养成时刻感恩的习惯,那么生活上再大的风浪你也能安然度过。**

其实在人生的跋涉中,没有什么艰难困苦能够真正左右我们,只要始终持有乐观的人生态度,用感恩的心去面对一切,那么即便是乌云密布、疾风骤起、风刀剑雨、冰欺雪压,我们也能在心中看到安静、祥和而温暖的阳光,感受美好顽强的生命力量。

给心灵开一个存折

为别人付出你的爱心,就种下一片希望,就会有硕果累累的一天,就能品尝到丰收的喜悦。

"鸟儿无意中带来的一粒种子,谁能料到多年以后会长成一棵参天大树呢!"金女士回忆起创业之初的机缘来,每每对旅途中的一件很小的小事慨叹不已。

14年前的一个夏天,金小姐作为一名公司职员,从台湾去美国芝加哥参加一个家用产品展览会。午餐就在快餐厅里自行解决。当时人很多,金小姐刚坐下,就有人用日语问:"我可以坐在这里吗?"

抬头一看,是一位白发长者正端着饭站在面前。她忙指着对面的位子说:"请坐。"接着起身去拿刀、叉、纸巾这类的东西,担心老人家找不到,便帮他也拿了一份。

一顿快餐很快就吃完了,老人临走时递来一张名片,说:"如果以后有需要,请与我联络。"金小姐一看,哟,原来老人是日本一家大公司的社长呢。

一年以后,金小姐自己注册了一家小公司。生意做了不到一年,客户突然不做了,而这时,新一年的生产计划已经定了,连样品都做好了,更何况,这是她唯一的客户。怎么办?真的一起步就要破产吗?她忽然想起那位日本老人来。就抱着一线希望去了一封简单的信,说不知你是否还记得我,我现在自己开了一家小公司,如果你来台湾希望能来看一看我,万分荣幸。信发出后一个星期,就收到了回信,老人说即日启程来台湾。

两天后,他真的来了,还带来了六七个公司职员。他们拿出样品让她试加工,在肯定了产品和质量之后,当场下了足够金小姐做一年的大订单。

金小姐惊喜地问:"您在台湾有很多大客户,而我这里只是个小公司,您真的信得过我吗?"老人从皮箱里拿出一本书来,名字叫作《人心的贮存》,说:"当初你在芝加哥给我小小的帮助时,你并没有想到会有这样的回报。"

人心就像一本存折,只有打开来才知道到底有多少收益。每本心的存折都是用一点一滴的善良去积累的。

人从出生到成熟到衰老到死亡,就那么几十个春秋,也就是那么几个"坎",眨眼的工夫就过去了。

20岁之前谈梦。人自母体分离出来,初谙世事至少要十四五年,这并不意味着成熟,很多想法都过于浪漫,近似童话。所以,这个季节经常做梦,梦见自己会飞,梦见自己成为别人的偶像。同学朋友之间谈论的话题也往往与现实离题万里。在这段花季年华里,一切都是浮动的,一切都是彩色的。

20岁以后谈理想。20岁是迈入大人行列的第一道门坎,以前的彩色梦幻渐渐淡化,在现实面前,开始走向成熟,也开始有了人生的目标。但20岁的抱负却又气吞山河,有些不切实际。所以我们说,人到20岁已经长大了,但绝对不意味着已经成熟了。总之,20岁时,已经有了向前跋涉的目标,少了很多梦幻色彩。

上了30岁谈责任。三十而立对于今人来说也许为时尚早,但30岁已是成熟的人了,至少已经确立了自己的人生坐标和基点。在这阶段,世界会把很多重担压在你的肩头,你无可逃遁也别无选择地要背着这些重担往前走。人生由此便多了一种沉甸甸的东西——责任,人生的内涵也因之丰富起来。结婚了需要有个爱巢栖息,儿女出世了要拼力哺育,父母老了要尽赡养之责,还有,工作的担子也加重了……这一切责任,都得30

岁的你一个一个地去履行,没人能够替代你。这个时候,一切言谈行为都变得那么实在。

40 岁谈事业。迈过 40 岁的沟坎,人已如日中天了,此刻有志者已经事业有成,即使是平凡之辈,积蓄也开始殷实。人的生理心理也已熟透,万事都有主张,一切重担也因为时光流淌而减负了。也许父母已经过世,儿女即将自立。这个时候,人通常会像爬上一道又一道高坡一样,长长地舒口气。然而当回首往事,才发觉前些年为自己活得太少。于是,发展自己便成了这个阶段的主旋律。

50 岁开始谈经验。古人道"五十而知天命",此刻对于人来说应该是尘埃落定的时候了。优胜者已经胜出,淘汰者已经出局。那么,优胜者便领受尊敬的风光,淘汰者也只好独尝出局的悲哀。无论优劣,都会明白成败的原因。而大局已定,已难更改,对于优胜劣汰的总结成了宝贵的经验,并且成了后人的财富。

60 岁以后谈往昔。衰老是人类不可抗拒的自然法则。人老了就力不从心了,即使想大展宏图也难于展翅了。此刻的成功者可以享受他自己创造的成果,失败者也只好独饮他自酿的苦酒了。好汉不提当年勇也好,蹉跎一生不堪回首也罢,岁月刻在自己身上和心上的痕迹是无法抹杀的。夕阳苦短,来日无多,不再思想前景的辉煌,但回首昔日的风光或欣然或骄傲、或坎坷、或悲凉,多少也能激活生命的潜力,保持旺盛的活力。

人,一辈子就这样走过来了,不管辉煌还是平凡,都得一个一个坎地迈过,当然,怎样迈、迈得成功与否,都得由你自己来完成,而围绕着人生的一切都离不开适当地放弃。

舍得放弃是一种跨越。当你舍得放弃一切,做到简单从容地活着的时候,你人生中的那道坎也就过去了。

只有永远拥有充满梦想和激情的心灵,才能真正懂得生活的意义。

生活如琴,让轻松的梦幻曲在我们的指间滑落;生活如歌,用蝴蝶、月光、鸟语写成一首首"让心灵燃烧的歌"。

有一位著名作家总是这样对自己说,"如果没有出生在世,我就无法

听到脚底的雪发出的咯吱声，无法闻到木材燃烧的香味，也无法看到人们眼中爱的光芒，更不可能享受到因为自己的奋斗而带来的成功快乐……能活在世间，是一件多么幸运的事啊！我为什么不尽情地享受生活中的每一天呢？"

心灵悄悄话

只有永远拥有充满梦想和激情的心灵，才能真正懂得生活的意义，也才能从真正的意义上享受生活的快乐！

第四篇 学会给心灵松绑

不要抱怨和愤世嫉俗

当遭遇到不如意时,很多人把责任推到客观原因上,比如遇到的问题太难,这个时机不适合做某事,遭到某人的刁难,或者是运气不好……

当看到某些现象时,很多人感叹不公平,感叹命运的捉弄,嘲笑社会的丑恶,却从不想到如何去改正,而是一味地批评指责。

有些人常常抱怨命运不公,却不看自己为理想都做了些什么。在别人为理想不懈地奋斗时,这些人却在挑剔;当看到别人的成功时,这些人却在抱怨,就像那只满腹牢骚的鸭子。

很久很久以前,鸭子和天鹅是一对亲兄弟,它们长相相近,很难区分开来。鸭子是哥哥,天鹅是弟弟。它们长大后,一同拜山鹰为师学习追云赶月的飞翔技艺。跟老师学练了才三天,鸭子就有些受不了啦。它嘟嘟囔囔地说:"唉!要是咱生在山鹰家里多好,从小就能出类拔萃,翱翔九霄,省得受这份洋罪,去练这飞翔的技艺。"天鹅说:"真本事来自苦用功,哪有一生下来什么都会的呢?就是山鹰的孩子,也是通过长期的勤学苦练才练成了一身过硬的翱翔技艺。不信,你问问老师。"

山鹰笑着说:"是啊,我们山鹰的孩子练起飞翔来一点也不比你们轻松,翅膀刮伤,脖子扭坏,那是常有的事。"

鸭子平静了没几天,心里又烦躁起来。"哼!山鹰练飞虽比我苦,可他起点比我高呀,我再苦练也跟不上人家。罢罢罢,干脆另谋出路。"天鹅苦劝无效,鸭子开小差溜了。鸭子离开山鹰,接着跟金雕学艺。没过几天,它又厌烦了,"四面高山一处山坳,环境太小,这小地方岂能练出绝世

的功夫?"于是,它再次出走。就这样,它曾到大海上向海鸥求教,曾到沙漠里向秃鹫学习,也曾到森林里以猎隼为师……辗转各地,它不是嫌环境艰苦,就是嫌老师刻板,怨天尤人,每天都有说不完的牢骚。许多年过去了,鸭子飞翔的能力一点也没有提高,只能从一个水塘勉强飞到另一个水塘。而它的弟弟天鹅,经过刻苦的训练,早已成了举世闻名的飞行家,它能飞越珠峰,往往连老师都望而兴叹。

有好事者问鸭子对此有何感想时,鸭子说:"人家命好,老师偏爱父母宠,要是我有它那些条件,我肯定比它现在飞得还远还高,珠峰算什么!"据说,直到今天,鸭子还牢骚满腹地嘎嘎叫,从不低头沉思一下自己到底错在哪儿。

找借口已经成了我们的强项。我们总会若有其事地为自己制定一个远大的理想,在实现理想的过程中,遇到一点困难就找借口,之后败下阵来,另谋出路。再次遇到困难,又是牢骚满腹。如此反复,是难以学到真本事、成就大事业的。抱怨和愤世嫉俗只会让成功离我们越来越远。当你失败时要反思的是自己,而当你成功时,却是要感谢更多的人。

一个商人从事航海贩运发了大财。他曾屡屡战胜风险,各种各样恶劣的气候和地形都没有对他的货物造成损失,命运女神似乎格外垂青于他。他所有的同行都遭到过灾难,只有他的船平安抵港。人们追求奢侈的欲望使他财源广进,他顺利地贩卖了运回来的砂糖、瓷器、肉桂和烟草。总之,他很快就成了腰缠万贯的大富翁。

他开始挥霍,一个朋友目睹了他的豪华盛宴之后,羡慕地说道:"您的家常便饭就有这样的气派,真让我大开眼界!"

"这全是靠我自己的努力奋斗,靠我的聪明才智,靠我的独具慧眼,才能抓住机遇获得今天的成就。"

这位商人认为赚钱是件极容易的事,因此,他把赚得的钱拿出来搞投机。但这一次可没有什么好运气了,第一条船设备很差,碰到一点儿风浪

第四篇 学会给心灵松绑

就翻了船；第二条船连必要的防御武器都没有，海盗连船带货都一齐掳了去；第三条船呢，虽然平安到港了，但一时间经济萧条，没有了往日那种追求奢华的风气和购物狂潮，货物也因为积压过久而变质了。另外，代理人的欺骗和他的花天酒地、挥金如土的生活方式也花费了他不少的钱财。

他的朋友看到他如此迅速地陷入一文不名的境况，问他："这是怎么回事？"

"唉，别提了，全怪那不济的命运。"

"您别放在心上，"朋友安慰他说，"如果命运不愿意看到你幸福，至少它会教你变得谨慎小心。"

不知道他是否听进去了这个忠告，但可以肯定的是，人们在一般情况下，总爱把成绩归功于自己的才干，如果失败，就把责任推到命运女神身上了。

但事实上，个人的成功离不开的是他人的帮助、环境的更迭、机遇的来临，个人的能力只占很小的一部分。哈佛告诉学生，命运不是用来埋怨的。当你成功的时候，你应该感谢的人有很多，因为独木难成林；当你失败的时候，你要埋怨的只有你自己，只有吸取教训才能迎来下次的成功。

心灵悄悄话

当你心怀感激时，会忘却抱怨，会更多地认识到自己的方向，会更加坚定自己的理想，同时你也会得到更多的帮助。要记住，命运不是用来埋怨的，只有感激才会让你收获更多。

快乐来自你的心灵

情感似乎指引着行动，但事实上，行动与情感是可以互相指引、互相合作的。快乐并非来自外力，而是来自内心，因此，当你不快乐的时候，你可以挺起胸膛，努力让自己快乐起来。

一位著名的电视节目主持人，邀请了一位老人做他的节目特邀嘉宾。这位老人的确不同凡响。他讲话的内容完全是毫无准备的，当然绝对没有预演过。他的话把他映衬得魅力四射，不管他什么时候说什么话，听起来总是特别贴切，毫不做作，观众听着他幽默而略带诙谐的话语都笑弯了腰。主持人也显然对这位幸福快乐的老人印象极佳，像观众一样享受着老人带来的快乐。

最后，主持人禁不住问这位老人："您这么快乐，一定有什么特别的快乐秘诀吧！"

"没有，"老人回答道，"我没有什么了不起的秘诀。我快乐的原因非常简单，每天当我起床的时候我有两个选择——快乐和不快乐，不管快乐与否，时间仍然会不停地流逝，我当然会选择快乐。如果要秘诀的话，这就是我快乐的秘诀。"

老人的解释听起来似乎过于简单，但是他的话却包含着深刻的道理。**快乐不是别人给予的，而是取决于你自己的态度，你自己去选择要不要去快乐。**当遭遇不如意时，有人看到的是自己的不快乐，生活的不顺利；而有的人却能从另外一个角度看到这是对自己的考验，成功就在不远处。

林肯曾经说过:"人们的快乐不过就和他们的决定一样罢了。"你可以不快乐,如果你想要不快乐。你可以告诉自己所有的都不顺心,没有什么是令人满意的,这样,你肯定不快乐。但是,如果你要快乐,尽管告诉自己:"一切都进展顺利,生活过得很好,我选择快乐。"那么可以确定的是你的选择会变成现实。乐观的态度、积极的行动,我们可以从那些勇敢的人身上看到,因为他们对生活的向往,对理想的坚持,对未来的乐观,使他们获得了快乐。

在一次火灾中,一个小男孩被烧成重伤,虽然经过医院全力抢救脱离了生命危险,但他的下半身还是没有任何知觉。医生悄悄地告诉他的妈妈,这孩子以后只能靠轮椅度日了。

一天,天气十分晴朗。妈妈推着他到院子里呼吸新鲜空气,然后有事离开了。一股强烈的冲动从男孩的心底涌起:我一定要站起来!他奋力推开轮椅,然后拖着无力的双腿,用双肘在草地上匍匐前进,一步一步地,他终于爬到了篱笆墙边。接着,他用尽全身力气,努力地抓住篱笆墙站了起来,并且试着拉住篱笆墙向前行走。没走几步,汗水从额头滚滚而下,他停下来喘口气,咬紧牙关又拖着双腿再次出发,直到篱笆墙的尽头。

就这样,每一天男孩都要抓紧篱笆墙练习走路。可一天天过去了,他的双腿仍然没有任何知觉。他不甘心困于轮椅的生活,一次次握紧拳头告诉自己:未来的日子里,一定要靠自己的双腿来行走。终于,在一个清晨,当他再次拖着无力的双腿紧拉着篱笆行走时,一阵钻心的疼痛从下身传了过来。那一刻,他惊呆了。他一遍又一遍地走着,尽情地享受着别人避之唯恐不及的钻心般的痛楚。

从那以后,男孩的身体恢复得很快。先是能够慢慢地站起来,扶着篱笆走上几步。渐渐地便可以独立行走了,最后他竟然在院子里跑了起来。自此,他的生活与一般的男孩子再无两样。到他读大学的时候,他还被选进了学校田径队。

所以没有什么是绝对不可能的,关键看你的态度。只要你相信自己的理想,坚持自己的目标,努力自己的成就,保持乐观的态度,就会取得成功。我们从未在这些勇敢的人身上看到自怨自艾,相反我们看到的是他们不停止的努力,在逆境中坚持自我的勇气,在低谷时怀揣着快乐的希望。

　　　要保持一颗快乐的心,每天只给自己一个快乐的心情,对生活充满感激和爱,让自己的心情跟随自己的行动,向快乐出发。

第四篇　学会给心灵松绑

坦然接受失败

类似的成功之人不胜枚举,他们之所以能从绝望中腾飞,从贫苦中奋起,东山再起,都是因为少了一份自暴自弃,多了一点执着和坚毅,并对自己的能力深信不疑。

富兰克林当年的电学论文曾被科学权威不屑一顾,皇家学会刊物也拒绝刊登;第二篇论文又引来皇家学会的一阵嘲笑。他的论文被朋友们设法出版后,因论点与皇家学院院长的理论针锋相对,遭到这位院长的人身攻击。但富兰克林没有被挫折吓倒,没有放弃自己的科学信念,而是更积极地投入实验,以实践来证实自己的立论。他冒着巨大的生命危险进行了风筝引电的有名实验,终于获得了成功。于是,他的著作被译成德文、拉丁文、意大利文,得到了全欧洲的公认。

要想成功,更多的是要勇敢面对失败,坚信自己的能力和实力,不放弃自己的理想,坚持自己的想法。

遭遇逆境并不等于宣判我们命运的"死刑",真正的法官永远是我们自己。只有我们自己才有资格对神圣的生命做出判决,而面对困境的心态会影响你手中的判笔。

大凡经历过挫折、最后成功的人都会相信这么一个道理:苦难就是财富。

霍兰德说:"在最黑的土地上生长着最娇艳的花朵,那些最伟岸挺拔的树林总是在最陡峭的岩石中扎根,昂首向天。"高普更是一语道破天机,他说:"并非每一次不幸都是灾难,早年的逆境通常是一种幸运。与困难作斗争不仅磨炼了我们的人生,也为日后更为激烈的竞争准备了丰

富的经验。"

在现实生活中,常看到这样的人,他们因自己角色的卑微而否定自己的智慧,因自己地位的低下而放弃最初的梦想,有时甚至因被人歧视而消沉,因不被人赏识而苦恼。这是多么大的错误啊!其实造物主常把高贵的灵魂赋予卑贱的肉体,就像我们在日常生活中,总是把贵重的东西藏在家中最不起眼的地方。所以即使在逆境中也要保持着对未来的憧憬,在失败中也要保持要成功的信念。

困难可以将你击垮,也可以使你重新振作。这取决于你如何去看待和处理困难。美国名作家罗威尔曾说:"人世中不幸的事如同一把刀,它可以为我们所用,也可以把我们割伤。那要看你握住的是刀刃还是刀柄。"

巴西足球队第一次赢得冠军回国时,专机一进入国境,16架喷气式战斗机立即为之护航。当飞机降落在道加勒机场时,聚集在机场上的欢迎者达5万人。从机场到首都广场不到20公里的道路上,自动聚集起来的人超过100万。市长里奥·热奈罗因有事晚出发了一会儿,竟然无法驱车去机场,他只得从官邸乘直升机前往。从机场到首都广场的途中,多数球员被请进豪华汽车,贝利和几个主力队员等则被人用手臂向前传递,4个多小时的路他们脚不沾地,一直被送进总统府。多么宏大和激动人心的场面!然而前一届欢迎仪式却是另一番景象。

1962年,巴西人都认为巴西队能获本次世界杯冠军,然而天有不测风云,在半决赛中却意外地败给了德国队,结果那个金灿灿的奖杯没有被带回巴西。球员们悲痛至极,他们想象着迎接他们的将是球迷的辱骂、嘲笑和汽水瓶,因为足球可是巴西的国魂。

飞机进入巴西领空,他们坐立不安,因为他们的心里清楚,这次回国"凶多吉少",可是,当飞机降落在首都机场时,映入他们眼帘的却是另一种景象。梅内姆总统和两万多球迷默默地站在机场,他们看到总统和球迷共举一幅大横幅,上书:失败了也要昂首挺胸。

队员们见此情景,顿时泪流满面。总统没有讲一句话,球迷们没有骚动,舷梯上,除了球员们徐徐地走下飞机,整个机场如凝固了一般。等球员们离开后,总统和球迷们才有秩序地各自回去。4 年后,巴西队捧回了奖杯。

　　挫折并不等同于人生的失败,通常人们被困难击败的主要原因在于他们自认为可以被打败。克服困难的一个最大的诀窍,就是要学会相信自己可以击败困难。俄罗斯有一句谚语:"铁锤能打破玻璃,更能铸造精钢。"如果你像钢一样,有足够的坚强作为打造的品质,去克服人生中的困难,那么这些困难正好可以磨炼你的意志和力量。

　　当遭遇失败时,勇敢地面对自己的失败,让失败磨砺自己的意志,让失败检验自己的能力,让失败磨炼自己的精神。当再次面对困境,从容而不迫,不卑而不亢,让自己在困境中磨炼成的宝剑出鞘,挥出一片新天地。

第五篇

坚定信念，执着心态

　　自信是以理智为前提的，自信必须自觉，自信必须清醒，自信必须背靠真理。自信心是激励自己实现伟大志向的一种信念，而不是逆历史潮流而动的野心的膨胀。真正有自信心的人，不会拒绝别人的提醒和建议，不会因别人提出了尖锐的意见就恼火和沮丧。自信应有海纳百川的度量，也有改过自新的勇气，因为他们相信，这只能使他更完善，取得更大成功。世界上之所以有些人辉煌一生，其实并非他们都是不同凡响的天才，有些人一辈子一事无成，也并非他们没有获得成功的资源和能力，只是因为前者较多地发掘了自己的内在潜力。

拯救自己的梦想

也许，人的生命是一场正在燃烧的"火灾"，一个人所能做，也必须去做的就是竭尽全力要在这场"火灾"中去抢救点什么东西出来。

人生是一场华丽而悲壮的奔赴，我们的生命每流失一秒钟，都无法再回头抓住，唯一能做的就是尽量让生命留下一些有意义的东西，就像盖茨所说的，竭尽全力从中抢出点什么。人生百年，生命如火，这就如同救火一样，这场抢救救不出生命本身，但却会救出生命存在的意义和价值。一个人的生命有怎样的价值和意义，只有他自己最清楚，唯有自救才能救出那最有价值、最值得留存的部分，而人们一旦学会自救，向世界呈现生命中有价值的部分，那么便会吸引上帝的垂青，获得上帝的帮助，因为面对这样的生命精华，上帝是没有理由拒绝的。

每一个在别人看来收获了上帝青睐的人，其实都是自救的英雄。无论是东方的孔子，还是西方的爱因斯坦，都给世界留下了宝贵的生命精华，这些人在一场生命的轮回里带给世界如此多的精彩，上帝对他们如此青睐，理应是他们自救的成果。

每一个生命都是充满价值的，这些价值也是完全能够被世界所记载的，只是很多时候人们疏于对自我生命的挖掘和探索。谁越是竭尽全力进行自救，谁越是能留给世界更多的生命精彩。

方文山的名字可以说是响彻华语乐坛，他是台湾著名词人，天王小巨星周杰伦的黄金搭档，周杰伦的歌曲很多都由他撰写，自 1997 年以来，方文山的作词天赋发挥得淋漓尽致，个人为音乐作出的贡献更是不可限量。

然而这一切的成就，其实都是他自救而来的。

方文山出生在台湾南部一个偏僻小镇，生活的拮据没有给幼年的方文山任何生活上的眷顾，不要说是才艺班，就是连零花钱，他也很少拿到。为了贴补家用，当时的方文山暑假还要到工地去捡拾废铁丝和易拉罐去卖，后来还做过廉价劳动力。成绩普通的他也并不出众，只是喜欢历史和古诗词，整学生时代过得再普通不过了。那时的他甚至对自己将来要干什么也感到很迷茫。毕业之后他送过报纸、做过货车司机，在到台北前的最后一份工作就是防盗系统技术员，而这份技术活儿的上班地点也是在没有完成施工的工地。

在方文山23岁那年，他发现自己的兴趣是拍电影，于是他便在工作空闲考取了编导证，但是由于当时台湾地区的电影不景气，方文山便想："不如试试唱片圈，总之都还在娱乐圈，也许有一天还能曲线救国！"于是他开始试着拿些曲子来填词，这一写就是半年。半年后，方文山开始独立创作歌词，创作中他不仅认真寻找画面感，而且还找来古代词人李清照、李煜的作品反复揣摩、研究。几年过去了，他竟然写出了一百多首歌。方文山自觉自己的歌词很富画面感和故事性，但是没人用怎么办呢？于是他便产生了一个念头：为什么不把这些作品寄到唱片公司去碰碰运气呢？接着，方文山就把自己的作品工工整整地结集成册，不断地向各大唱片公司投稿。但是作品一次次地被寄出，也一次次地石沉大海。这种情况让方文山很受打击，但是他时常安慰自己说："写歌只是我的兴趣，如果有机会被采用当然好，即使不行，我也一样可以在桃园当我的技术员，所以没理由气馁。"如此良好的心态，让方文山继续一边工作一边创作，并持续不断地将作品寄到各大唱片公司。

1997年，28岁的方文山意外地接到了著名电视制作人吴宗宪的电话，吴宗宪向他发出邀请，要与他面谈。这让他激动得整整一夜没睡。就这样，方文山成了吴宗宪经纪公司旗下的一名作词艺人，开始了他精彩绝伦的文艺之旅。虽然方文山一直在幕后，但是他的名字却依然被众人所知，他以独特的词风，优美的词韵和语境，多次获得奖项。时至今日，方文

山还在为自己的"美词人生"而不断努力着、突破着,他创作的每一首新歌,都会给人带来不同以往的新鲜感。这也许就是懂得自救的人,一直在获赠上帝的恩赐吧。

从一个毫无人生方向感的少年,到炙手可热的台湾著名词人,方文山的人生转折就像一出惊险的剧目,但是这种人生的跌宕变化似乎又是那么理所应当。方文山的成功与其说是他一路努力、永不放弃的结果,倒不如说是他的一场人生自救,他救出了无数词韵优美、脍炙人口的歌曲,也救出了一份独一无二的个人艺术价值。

生命真正的意义不仅仅在于生命本身,更在于生命为世界带来了什么,留下了什么。一个人只有把生命中与众不同的部分抢救出来,才能让世界看到这种独一无二的价值。很多人都抱怨自己怀才不遇,时运不济,抱怨自己的才华无处施展,甚至将原因归在自己没有一个好的平台上,认为是残酷的现实埋没了自己的价值。其实一个人价值很多时候是需要自救的,特别是当我们在寻求梦想四处碰壁时,唯一能够让我们的生命价值公之于世的就是我们自己,除此之外,没有人能帮得了我们。当然这场自救也是有选择性的,并且需要掌握得恰到好处。

心灵悄悄话

　　不管自救的结果怎么样,你都应该保持一颗平常心,始终不放弃努力,也不为此而悲伤难过。生命的价值得以不断自救,那自然是再好不过了,但是我们应该知道,生命最美的姿态不是自救后的胜利手势,而是冲入生命火场、寻找和拥抱生命价值过程中的每一次奔跑。

相信自己潜力无限

人在身处逆境时，适应环境的能力实在惊人。人可以忍受不幸，也可以战胜不幸，因为人有着惊人的潜力，只要立志发挥它，就一定能渡过难关。

人的潜力是无限的，只要被挖掘，便可创造惊人的成绩。世界上之所以有些人辉煌一生，其实并非他们都是不同凡响的天才，有些人一辈子一事无成，也并非他们没有获得成功的资源和能力，只是因为前者较多地发掘了自己的内在潜力，而后者则封锁了潜力，只用那些仅有的余力掌控着自己的一生。

其实人与人内在潜力的差别并无大异，不同的只是人们看待生命的角度，面对世事的态度，对人生万物的思考和人生道路上的行动，这些都是需要经由人们后天去缔造和完善的，并非来自生命的原始潜能，但是这些过程却能成为激发潜能的良药，促使人们迸发内在潜能的灵光，发挥内在的能力和智慧。只要用正确的"药物"去激发自我潜能，那么每一个人都能创造卓越，拥有辉煌的人生。

有这样一个人，在他两岁时，他的身高忽然停止了生长，健康状况也出现恶化。后来经专家诊断，发现他患上了一种罕见的阻碍消化和吸收食物营养的疾病，他只能通过静脉注射营养液逐渐回复体力，但是医生告诉他，他的生长发育会受到限制，身高几乎不会再长了。

在医院里度过7年之后，他才终于走出了那里，然而他的身体仍然非常虚弱瘦小，因为营养吸收受限，他的鼻子里总是插着一根食管，管子的

另一头用胶带贴在他耳朵后面,他的瘦弱和他奇怪的样子遭到了他们孩子的嘲笑,还把他叫作"花生豆"。

父母经常带着她的姐姐苏珊去滑冰场滑冰,每次,也会把他带上。有一天,他看着在滑冰场上自由滑行的姐姐,忽然转身对父母说:"我也想试试,我想我也可以。"这让他的父母大吃一惊,但是为了满足他的愿望,父母还是尊重了他的做法。难以置信的是,这样一个瘦弱的孩子竟然对滑冰产生了浓厚的兴趣,在他的心里,身高和体重都不重要,甚至冰场之上他有着超过任何一个人的信心,他在滑冰场上找到了很多乐趣。

值得称奇的是,在第二年的健康检查中,医生竟然发现他的身高增加了,这个消息让他的父母和家人都感到很高兴,而且他的健康也在慢慢地恢复。

最重要的是,他不仅逐渐地拥有了健康,而且还找到了他喜欢的事情——滑冰,后来再也没有孩子嘲笑他、戏弄他,虽然他只有1.59米高,52公斤,但是这并不影响他对滑冰的热爱,在一次世界职业滑冰巡回赛中,他更是运用一系列高难度的动作征服了所有观众。

他就是前奥运滑冰冠军斯科特·汉密尔顿。

曾经身患重疾、没有丝毫滑冰基础的汉密尔顿不仅成功地摆脱了疾病困扰,而且最终成为奥运会冠军,这正是由他坚信自我的意志迸发的巨大潜能所带给他的。心态决定方向,角度决定高度。心有多高,生命就有多高,生命的价值总是依托心灵去定义的。一个人若是对自己不以为然,甘愿承认自我的平庸和渺小,那么他便会就此平庸一生,成为沧海一粟,如果他坚信自己的独一无二,相信自己潜力之大,那么他便会循着心灵的方向,逐渐打开生命潜能的闸门,不断提升自己的人生高度和生命价值。

自信是让我们的潜能得以发挥的首要条件,但是除此之外,发掘潜能也需要具备十足的毅力和永不言败的精神。

开普勒出生在德国一个贫民家庭,因为是早产儿,他从出生起就身体

虚弱。4岁时,他患上了天花和猩红热,经过治疗,虽然保住了生命,但是身体却受到了严重的伤害,一只手残疾,视力也变得很差,但是他没有放弃学习的机会,一边帮助家里干活,一边坚持努力学习,成绩一直名列前茅。

功夫不负有心人,在他16岁时,他顺利地进入大学学习,然而不幸又一次降临到他的身上,他的母亲被指控有巫术罪而入狱,父亲也因病去世。面对家庭的不幸,他不仅没有放弃学业,反而更加努力地投入学习中,凭着顽强的学习精神,他获得了天文学硕士学位。

后来,他成为一名天文工作者,虽然视力有限,但是他对天文的研究却从未停止过,在33岁那年的一天,他发现了蛇夫座附近的一颗新星,最亮时比木星还亮。于是他对这颗新星进行了长达17个月的观测和研究,最终获得了天文界的肯定,人们以他的名字命名了那颗新星。在他36岁时,他又观测到了著名的哈雷彗星。开普勒最终成为天文领域一位功勋卓越的天文大家。

每个人的生命深处都隐藏着巨大的潜能,只要秉持坚定的信念、执着的精神和坚持不懈的努力,那么每一个人都将是人生中的成功者,都能拥有巨大的个人能力。

心灵悄悄话

如果将自信看成潜能发挥的导向力,那么这种坚持便是促使潜能发挥的巨大助力,将心智与其相结合,便能创造不同凡响的人生。世界著名天文学家开普勒的人生便是如此。

摆脱绝望的情绪

绝望是一个令人触目惊心、唯恐避之而不及的字眼。其实,这仅仅是绝望的一个面;它的另外一面则很少被人所提及,那就是绝望也是一次难得的创造动力。当人们身处绝望境地的时候,为了寻找希望,往往会迸发出来深藏的潜力,充分发挥自己的创造力,创造出令人难以想象的奇迹。

美国电视传媒金牌主持人莎莉·拉斐尔在未成名之前,历尽波折,但她依然不屈不挠、乐观向上。正是凭着这样的信念,她才历尽艰难,战胜逆境,取得事业的成功。

在她30年的职业生涯中,莎莉·拉斐尔曾遭遇18次辞退。可是每次她都能够乐观面对,并且放眼更高处,确立更远大的目标。

由于美国大陆的无线电视台都认为女性不能吸引听众,没有一家肯雇用她,她不得不迁到波罗黎各去,苦练西班牙语。有一次,一家通讯社拒绝派她到多米尼加共和国去采访一次暴乱事件,她便自己凑够旅费飞到那里,然后把自己的报道出售给电视台。

1981年,她遭遇一家纽约电视台的辞退,说她跟不上时代,结果她失业了一年多。在此期间,她向一位国家广播电台职员推销她的谈话节目构想。"我相信公司会有兴趣。"那人如此答复她。但是此人不久就离开了国家广播公司。后来她碰到该电台的另一位职员,再度提出她的构想,虽然此人也一再夸奖她的构想,但是不久他也失去了踪影。最后她说服第三位职员雇用她,此人虽然答应了,但是提出要她在政治台主持节目。"我对政治所知不多,恐怕很难成功。"她对丈夫说,但丈夫鼓励她去尝试。1982年夏天，她的节目终于开播了。多年的职业生涯使她早已对广播驾轻就熟，于是她利用自己的优势和平易近人的作风，大谈7月4日美国国庆对她自己有什么意义，又请听众打电话畅谈他们的内心感受。听众立刻对莎莉的这个节目产生了兴趣，她几乎一夜成名。

现在，每天800万的观众坐在电视机旁与她准时相约，听她娓娓道来。而在这些光鲜景象的背后，是她18次被辞退的遭遇。

如今的莎莉·拉斐尔已经成为自办电视节目的主持人，曾经多次获得电视业界的大奖。在美国、加拿大和英国等地，每天有800万观众收看这个节目。在传媒产业竞争激烈的北美市场，她开拓出了一片属于自己的疆土。她曾说："我遭人辞退了18次，本来大有可能被这些遭遇所吓退，做不成我想做的事情。"她说："结果相反，我让它们鞭策着我勇往直前。"莎莉·拉斐尔总能在逆境中不放弃对成功的追求，不失去希望而又善于寻找崛起的机遇。

英国退役军官迈克莱恩，曾是一名探险队员。1976年，他随英国探险队成功登上珠穆朗玛峰。而在下山的路上，却遇上了狂风大雪。每行一步都极其艰难，最让他们害怕的是，风雪根本就没有停下的迹象。这时，他们的食品已为数不多，如果停下来扎营休息，他们很可能在没有下山之前，就会被饿死；如果继续前行，大部分路标早已被大雪覆盖，不仅要走许多弯路，而且，每个队员身上所带的增氧设备及行李等物，会压得他们喘不过气来，这样下去就会步履缓慢，他们即使不饿死，也会因疲劳而倒下。在整个探险队陷入迷茫的时候，迈克莱恩率先丢弃所有的随身装备，只留下不多的食品，轻装前行。

他的这一举动几乎遭到所有队员的反对，他们认为现在离下山最快也要10天时间。这就意味着这10天里不仅不能扎营休息，还可能因缺氧而使体温下降，导致冻坏身体。那样，他们的生命，是极其危险的。而对队友的顾忌，迈克莱恩很坚定地告诉他们："我们必须而且只能这样做，雪山天气十天半月都有可能不会好转，再拖延下去，路标也会被全部掩埋，丢掉重物，就不允许我们再有任何幻想和杂念，只要我们坚定信心，

徒手而行，就可以提高行走速度，也许这样我们还有生的希望！"最终队员们采纳了他的意见，一路上相互鼓励，忍受疲劳和寒冷，不分昼夜，风雪兼程，结果只用了 8 天时间，就到达了安全地带。而恶劣的天气，正像他所预料的那样，从未好转过。

若干年后，伦敦英国国家军事博物馆的工作人员，找到迈克莱恩，请求他赠送任何一件与英国探险队当年登上珠穆朗玛峰有关的物品，不料收到的却是莱恩因冻坏而被截下的 10 个脚趾和 5 个右手指尖。当年的一次正确的放弃，挽救了所有队员的生命；也是由于这个选择，他们的登山装备无一保存下来，而冻坏的指尖和脚趾，却在医院截掉后，留在了身边。这是博物馆收到的最奇特而又最珍贵的赠品。

绝望可以是一棵毒草，侵蚀掉我们的生命，也会是一朵含苞待放的花朵，带给我们绚烂辉煌。而主宰它的就是我们自己，学会珍惜这种磨难。一旦身处绝境，不要放弃置之死地而后生的希望，让自己在绝望的磨砺下迸发出难得的创造。

作为一个生理的躯体，人都要面临死亡，这是任何人都无法回避的事实。绝大多数的人都畏惧死亡，都希望远离这一刻。其实，在很多时候，将人最终送上死亡的不是疾病，也不是灾难，而是绝望。当人们失去了活着的动力，与命运抗争的勇气、信心也就随即飘散，剩下的也就只有死亡。

导演迈克·菲吉斯在 1995 年执导了一部影片《离开拉斯维加斯》，又名《两颗绝望的心》。这部影片改编自约翰·奥布瑞安的同名小说，就在小说出版的前几天，奥布瑞安自杀身亡。他只有这样一部作品，似乎这也是他用自己真实的一生来诠释的心血之作。

影片的剧情是这样的。主人公本是一个落魄的作家，他离不开酒，总是用酒精来刺激自己麻木的神经。他的妻子离开了他，之后他又得罪了最后一个朋友，随即工作也没有了。心无依靠的本变卖家产后，决定前往纸醉金迷的赌城——拉斯维加斯。他来这里的目的就是要在生命的最后时光,用一瓶瓶的酒伴随自己走向生命的终点。在赌城,本遇到了妓女莎拉,两个人相遇后,彼此悲惨的境遇让两颗心靠近,他们一起度过了一个夜晚。莎拉在皮条客被抓走后,重获自由。她让本住进了自己租住的公寓,并承诺不劝他戒酒。莎拉理解本决心醉死的念头,答应不干涉本按照他自己的方式生活,她自己出去继续卖淫,本则继续天天买醉。莎拉对本的感情有了变化,她改变了自己不劝告本戒酒的念头,要求本去医院治疗,本拒绝了。一天,莎拉回来的时候,发现本居然和另一个妓女在床上,一怒之下,将本驱赶出去。而莎拉自己也遭遇了厄运,几个无赖轮奸了她,并把她打得鼻青脸肿。房东见到狼狈不堪的莎拉也将她赶了出来。这时,本打电话希望见她,莎拉对本的爱恋远远超过了恨意,见到本的时候,本已经奄奄一息。第二天,本死了。莎拉则呆呆地坐在本的床边,一丝阳光划出了冰冷的划痕。

这部影片曾经引发了很大的反响,引发了人们在思考绝望。本和莎拉都生活在社会的边缘,他们都一无所有,挣扎到了死亡的边缘线。本对生活已经绝望,对世界已经没有了一丝一毫的牵挂和留恋,找不到继续生活下去的理由,有的只是绝望。影片把主人公绝望的情绪刻画得淋漓尽致。原来,人到绝望的时候,唯一能做的事情也就是一步步走向自我毁灭。

从生到死是每个人都必须经历的过程。有些人能够把这个过程演绎得多姿多彩,充满希望,而有些人却只能带来悲凉、灰暗。而决定这一切的有时就在人的一刹那之间,面对生活中的种种不如意,只要心存希望就能够照亮前行的征程。

生活在贫困山区的一个孩子,自幼生活中就充满了艰难,地处山区,物质生活极为匮乏,每到恶劣天气,还经常爆发泥石流、滑坡、塌方。为了躲避地质灾难,一家人只能经常处于四处漂泊的生活。只可惜,在一年夏天,一家人行走在山间的时候突发泥石流,父亲、母亲被泥石流所掩埋,他

和5岁的妹妹走在前面恰好躲过了这一场灾难。他被眼前的惨状惊呆了，妹妹哇哇大哭，附近的村民赶来救援，用了几天的时间终于挖出了父母的遗体。他悲痛万分，已经没有了生存的勇气，只想抱着妹妹追随父母而去。当他抱着妹妹准备跳下山崖的一刻，看到5岁的妹妹拼命地哭，奋力要挣扎出他的怀抱，他动摇了。这个幼小的生命似乎觉察出了哥哥的意图，她在极力挣扎不愿就此离开。是的，自己不能剥夺妹妹生存的希望。此后，这个男孩带着妹妹开始了打工的艰难生活。若干年后，他已经成家立业，有妻子和两个可爱的孩子。妹妹在他的资助下，已经大学毕业，留学美国，并组建了自己的小家庭。当他们各自带着自己的爱人、孩子，再去当年父母逝去地方祭奠的时候，他感慨万千。以前那两个弱小的生命如今已经为人父母，转折点就在当年准备跳崖时妹妹的奋力挣扎。

心灵悄悄话

绝望会扼杀掉强大的生命。只要心存希望，希望的光芒则能够乘风破浪，化解一切艰难、险阻，从而有勇气面对人生的各种艰难坎坷，迎来属于自己的潇洒人生。

第五篇 坚定信念，执着心态

失败是必须经历的

中国有句名言,失败乃成功之母。尽管人人都很渴望成功,但是人生如果都是一帆风顺的,没有经历过失败的痛苦,那么这个人生也是有缺憾的、不完满的。因为人们只有在失败的逆境中,才能够沉静下来进行适时反省,才能够为以后更大的成功积蓄力量。古今中外,那些取得不凡成绩的人们,无不是经历了多次失败的洗礼,才到达成功的彼岸。从某种程度上说,失败是我们人生的必修课。

一个中国人和一个美国人都去竞争世界 500 强的一个企业应聘。他们二人都非常看重这个工作,因此都认认真真地做了一份简历,把自己以前的工作履历清清楚楚地写在上面,递交给公司的人力资源部。面试的时候,都遇到同样的一个环节就是谈谈你自己的人生经历。这个中国人把自己认为最值得骄傲的事情列举了出来,唯独没有说自己失败的事例,担心这会对自己产生不好的影响;而这个美国人则把自己成功的、失败的都列举出来。最后,这个美国人被录用了。这个中国人想知道为什么自己被淘汰了,人力资源的主管告诉他,如果你自己以前都从来没有失败过,那么你的抗挫折能力、抗风险能力肯定是很弱的,是不适合这个工作的。

不可否认,成功能使我们更加自信、人生更加辉煌,但是,失败则能够磨炼人们的意志,能够让人们在挫折中变得更加理性、成熟,也能够激发人更大的动力。很多时候,成功之路其实是由失败的经历一点点累积起来的。正是无数次的失败才铸就了成功人士的辉煌人生。如果不是失败的惨痛,也无法体会到成功的喜悦。

威廉·汤姆逊教授是一位著名的科学家,他设计了大西洋海底第一条电缆,大大加速了人类对海洋的利用水平。如此卓著成绩的取得,也是建立在无数次失败的基础上,是总结经验教训的结果。无怪乎他总结自己的前半生时说:"有两个字最能代表我50岁前在科学进步中的奋斗,这就是——失败。"如果没有一次次失败的教训,他很难取得此后的成功。

失败是一块试金石,它既可以击垮一个人,也能够激发起一个人的斗志。凡是想取得一番成绩的人,不可缺乏失败的磨炼,否则就不能够适时地反省自己,为以后的成功积蓄力量。如果你在成长过程中遭遇到了失败,不要就此萎靡不振,而是要坚定信念,冷静下来反省自身,找到走出困境的路,成就自己辉煌的人生。

人们常常说,塞翁失马焉知非福,意在告诫人们即使面临着危机,身处困境,也不要一味悲伤,要明白在危机中也蕴藏着机遇。其实,危机本身并不可怕,可怕的是人们在危机中被打败,一蹶不振。懦弱的人在危机中看到的是失败、挫折等负面的结果,而真正坚强而睿智的人看到的则是危机带来的发展机遇,眼里闪烁的是希望的光芒。

的确,当换个思路来考虑问题的时候,就会豁然开朗。一味地沉浸在危机的苦恼中反倒是因噎废食,愚蠢的行为。美国电影《当幸福来敲门》在2006年上映时受到了人们的广泛推崇,很多人将其作为励志片来看。这部电影取材真实故事,以美国黑人投资专家克里斯·加德纳的故事作为素材改编而成。加德纳没有大学文凭,刚开始事业非常不顺,是一名医疗器械推销员,赚的钱难以解决家庭的温饱。妻子难以忍受贫困的煎熬,离开了他,把儿子留给了他。他一度穷困潦倒、无家可归,只能带着儿子到无家可归者的收容所。有时,连收容所也无法容身的时候,他只能到地铁厕所、公园里过夜。对此,他自己曾说:"在我二十几岁的时候,我经历了人们可以想象到的各种艰难、黑暗、恐惧的时刻,不过我从来没有放弃过。"一个偶然的机会,他知道做证券经纪人只需要懂数字和人际关系就可以胜任时,他凭借自己的执着,得到了一个实习的机会。但是,得到这个机会也是要付出很大的代价,在20人中只能有一个人留下,并且必须

在没有报酬的情况下工作六个月。对于加德纳来说,这是个很大的挑战。他和儿子的生活根本无法保障,陷入了危机之中,连个容身之所都无法得到。在极度贫困的情况下,他不得不去卖血来换钱维持生活。即使在这样的情况下,他仍然带着儿子非常乐观地度过这段生活。加德纳成功地当上了股票经纪人后,事业风生水起。凭借自己的努力奋斗,他在 1987 年开办了一家经纪公司,很快就身价百万。他拿出来自己的一部分钱,用来援助非洲的贫困难民。

在这部影片中,有一些台词,蕴涵着深刻的生活哲理。诸如在他陷入贫困中时,他说:"我生活的这一部分现在的这一部分叫作疲于奔命。"后来,他经济好转的时候,他则说道"幸福自己会来敲门,生活也能得到解脱"。这部电影的催泪效果很好,很多人在看的时候,都会被加德纳在危机中的亲情、乐观所感动。

在危机中,即使到了山重水复疑无路的境地,只要不放弃希望,抱着破釜沉舟的决心和意志,经常会迸发出平常所没有的潜力。那么,展现在面前的则是柳暗花明又一村的美好图景。

一心一意相信自己

　　一心一意相信自己,除了有勇气对自己说"我能行"之外,更重要的是你有没有拒绝的勇气。拒绝是对自己全然自主的体现,生活赋予了我们自由的天性,而一个"不"字则是对这种天性的最大限度发挥。

　　汉斯刚参加工作不久,姑妈来看他。汉斯陪着姑妈把这个小城转了转,就到了吃晚饭的时间。当时汉斯身上只有20美元,这已是他所能拿出招待对他很好的姑妈的全部资金。他很想找个小餐馆随便吃一点,可姑妈却偏偏相中了一家很体面的餐厅。汉斯没办法,只得随她走了进去。

　　两人坐下来后,姑妈开始点菜,当她征询汉斯意见时,汉斯只是含混地说:"随便,随便。"此时,他的心中七上八下,放在衣袋中的手里紧紧抓着那仅有的20美元。

　　可是姑妈一点也没注意到汉斯的不安,她不住口地称赞着这儿可口的饭菜,汉斯却什么味道都没吃出来。最后的时刻终于来了,彬彬有礼的侍者拿来了账单,径直向汉斯走来,汉斯张开嘴,却什么也没说出来。

　　姑妈温和地笑了,她拿过账单,把钱给了侍者,然后对汉斯说:"孩子,我知道你的感觉,我一直在等你说不,可你为什么不说呢?要知道,有些时候一定要勇敢坚决地把这个字说出来,这是最好的选择……"

　　舰艇上,三名海军上将正在争论到底什么才是真正的勇气。俄国将军说:"我告诉你们什么是勇气。"说完他找来一名水兵。"你看见那根100米高的旗杆了吗?我命令你爬上去举手敬礼,然后跳下来!"俄国水兵立即跑到旗杆前,十分利索地完成了将军的任务。

"呵，真出色！"日本将军称赞说。他对一名日本水兵命令道："看见那根200米高的旗杆了吗？我要你爬到顶端，敬礼两次，然后跳下来。"日本水兵出色地执行了命令。

"啊，先生们，这真是一次精彩的表演，"英国将军说，"但我现在要告诉你们，我们皇家海军对勇气的理解。"他命令一名水手："我要你攀上那根高500米的旗杆顶端，敬礼三次，然后跳下来。"

"什么？要我去干这种事？将军，我有权拒绝执行你的无礼命令！"英国水兵瞪大眼睛叫了起来。

"瞧，先生们，"英国将军认真地说，"这才是真正的勇气。"

勇敢在斗争中产生，勇气是在每天对困难的顽强抵抗中养成的。为了给自己争面子而"打肿脸充胖子"，最终吃亏和难受的还是自己。其实，如果做到实事求是、量力而行，懂得在适当的时候说出"不"字，就不会将自己搞得那么累。

生活中，遇到力不能及的事情时要勇敢地学会拒绝，如果你拒绝说"不"，那么现实的生活将对你说"不"，做自己的主人，就不要放弃你说"不"的权利。

生活中的每一次沧海桑田，每一次悲欢离合，都需要我们用心慢慢地体会、感悟。如果我们的心是暖的，那么在自己眼前出现的一切都是灿烂的阳光、晶莹的露珠、五彩缤纷的落英和随风飘散的白云，一切都变得那么惬意和甜美，无论生活有多么的清苦和艰辛，都会感受到天堂般的快乐。心若冷了，再炽热的烈火也无法给这个世界带来一丝的温暖，我们的眼中也充斥着凄凉。所以，要经常跟自己的心灵对话，了解自己的内心处于怎样的状态，并尝试从心灵的舒展开合中获取力量。

从来没有什么东西能够束缚住我们的心灵，除了自己。与其在束缚中苦苦寻求心灵和道德的出路，莫不如给心灵松绑，在自由之中得到自己的快乐，与他人分享快乐，这才会更加接近幸福。不因为高官厚禄而喜不自禁，不因为前途无望、穷困贫乏而随波逐流、趋势媚俗，在荣辱面前一样

达观,那也就无所谓忧愁。心中没有忧愁和欢乐,才是道德的极致。

儿时的我们,玩耍在原野里、荷塘边、甚至在放学的小路上,我们仍采撷了一路的欢笑;春天随着彩蝶奔跑,夏天追赶麦浪的馨香,秋天在玉米地里捉迷藏,冬天用僵红的小手打雪仗,四季里都带着自然的味道,心情快乐而平静;而今,我们行色匆匆地在踩不出印记的柏油马路间穿梭,偶尔的朋友聚会也选择了迷醉的酒吧和狂躁的歌厅里,心情也是浮躁不安的。喧嚣着的不一定是最闪亮的星,沉静的恒星往往安静地散发着光芒。我们警醒着自己要与自然和谐相处时,却忘记了自身的和谐,只有低调地伏下身去,沉淀了生活中的浮躁,我们才能真正诗意般地栖息在这温暖的大地上。

约翰是一家大型航空公司的经理。一次偶然的邂逅让他学会了一种"坐在阳光下"的艺术,这让他第一次能够在忙碌的生活中找回宁静的心境。下面是他对这段宝贵体验的回顾:在二月的早晨,我正匆匆忙忙走在加州一家旅馆的长廊上,手上满抱着刚从公司总部转来的信件。我是来加州度寒假的,但是仍无法逃脱我的工作,还是得一大早处理信件。当我快步走过去,准备花两个小时来处理我的信件时,一位久违的朋友坐在摇椅上,帽子盖住他部分眼睛,把我从匆忙中叫住,用他缓慢而愉悦的南方腔说道:"你要赶到哪儿去啊,约翰? 在我们这样美好的阳光下,那样赶来赶去是不行的。过来这里,好好'嵌'在摇椅里,和我一起练习一项最伟大的艺术。"

这话听得我一头雾水,问道:"和你一起练习一项最伟大的艺术?"

"对,"他答道,"一项逐渐没落的艺术。现在已经很少人知道怎么做了。"

"噢,"我问道,"请你告诉我那是什么。我没有看到你在练习什么艺术啊!"

"有噢! 我有。"他说道,"我正在练习'只是坐在阳光下'的艺术。坐在这里,让阳光洒在你的脸上。感觉很温暖,闻起来很舒服。你会觉得内

心很平静。你曾经想过太阳吗?"

"太阳从来不会匆匆忙忙,不会太兴奋,它只是缓慢地恪尽职守,也不会发出嘈杂声——不按任何钮,不接任何电话,不摇任何铃,只是一直洒下阳光,而太阳在一刹那间所做的工作比你加上我一辈子所做的事还要多。想想看它做了什么。它使花儿开,使大树长,使地球暖,使果蔬旺,使五谷熟;它还蒸发了水,然后再让它回到地球上来,它还使你觉得有'平静感'"。

"我发现当我坐在阳光下,让太阳在我身上作用时,它洒在我身上的光线给了我能量。这是我花时间坐在阳光下的赏赐。"

"所以请你把那些信件都丢到角落去,"他说道,"跟我一起坐到这里来。"

我照做了。当我后来回到房间去处理那些信件时,我几乎一下子就完成了工作。这使得我还留有大部分的时间来做度假活动,也可以常"坐在阳光下"放松自己。

如今,越来越多的人开始学习追求内心的平静。冥想和静思已经成为一种时尚。他们通过各种沉思冥想训练自己,让注意力在宇宙间漂浮,不被焦虑所困。

内心的平静是智慧的珍宝,它和智慧一样珍贵,比黄金更令人垂涎。拥有一颗宁静之心,比那些忙于赚钱谋生的人更能够体验生命的真谛。

放弃一定会失败

失败者的一大弱点在于放弃,成功的必然之路就是不断地重来一次。

在追求成功的路上,我们总是会遇到各种各样的阻碍,有时这难免会让我们不自信,甚至会认为即便努力了也不一定成功,还不如直接放弃。的确,成功不是仅靠努力就能获得的,还需要满足很多条件,任何一个细微的标准到达不了,我们都可能与成功遥遥相望。但是在没有真正得到结果之前,一切都只是猜测,也许努力的结果仍会是失败,但是如果就此放弃,那么就彻底泯灭了成功的可能,等于我们自行放弃了争取成功的权利。

与其甘心放弃,不如放手一搏,也许就是这一搏,就能收获意想不到的成功,即便是真的失败了,那些全力以赴的追求过程对我们来说也是一笔宝贵的财富,败也败得毫无遗憾。

施乐公司作为世界著名的 500 强企业,在业内有着广泛的影响力和雄厚的实力。施乐公司的产品一直被许多独立的测试机构评定为"世界最佳品质",从 1980 年开始,施乐公司在全球 20 个国家获得了 25 个国家质量大奖,其中还包括世界上最高级别的三项质量奖项,几乎成为全球最炙手可热的文件处理产品和服务供应商,但是在施乐公司成立伊始,却是从渺茫线上走过来的。

1938 年,对发明颇感兴趣的年轻专利事务律师切斯特·卡尔逊在自己简易的实验室中,成功地制作出了第一个静电复印图像。自此之后,卡尔逊带着自己的专利奔走于当地 20 多家公司,希望可以出售这项发明专

利,但是遗憾的是,由于当时的复印市场早已被碳素复写纸占领,人们对复写纸的简单快捷深信不疑,没有人愿意相信卡尔逊的这项专利会给他们带来什么利润,而且原始复印机笨重难看,更没有人前来问询,包括IBM和通用电气公司,也都拒绝了这项发明。直到1944年,俄亥俄州的巴特尔研究院才接受了卡尔逊的这项专利,并与他签订了合同。几年的奔走终于得到了结果,他获得了对方的资助,成功地改进了这项技术,并取名为"电子图像复制技术"。

三年之后,一家地处纽约州罗彻斯特生产相纸的哈罗依德公司,前来购买了开发并销售卡尔逊这项发明的全部专利权。对于当时这种新型复印技术尚未兴起的时代,做这样结果未卜的生意还是一件新鲜事,很多公司唯恐避之不及,但是这家公司却对其充满了信心,对此,这家公司表现得全力以赴。得到专利权之后,公司将卡尔逊研究出的"电子图像复制技术"改名为"静电复印术",并为复印机附上新的商标"施乐",在1948年同时推进市场。没想到一经推出,公司便获得了意想不到的成功。1959年,施乐公司生产出了颇具代表性的914复印机,到1961年时,施乐公司生产的普通纸自动办公复印机已经被全世界所接受。从此"施乐"成为家喻户晓的印刷品牌,随着复印技术的不断发展,其优越的产品性能也越来越多地受到用户的赞许和肯定,而施乐公司也不断壮大,在全球各地开设分公司,成为覆盖全球的电子印刷企业。如今施乐似乎早已不再单纯地作为公司名称出现,提到施乐,人们总会自然而然地联想到印刷、胶片,可见施乐公司在世界和人们心中的地位。

如果说卡尔逊是新一代复印技术的奠基人,那么施乐公司就是全新复印时代的开创者。无论是卡尔逊昔日的成绩,还是施乐公司如今的不同凡响,都是他们始终不渝努力的结果。试想如果不是哈罗依德公司一再地坚持购买卡尔逊的技术,这家曾经名不见经传的小公司,怎有可能成为享誉世界的施乐公司?如果不是卡尔逊坚持为自己的专利寻找出路,又怎么可能有这样一项神奇的技术问世,并不断获得发展并发扬光大呢?

也许努力不一定成功，但是放弃一定会失败，坚持不仅是一种信念，更作为一种成功的筹码，只要坚持不放弃，我们就能不断朝着成功的方向迈进，即便暂时没有成功，但是至少没有放弃，成功对于我们来说就会更近。

相反，即便是成功了，一旦放弃努力也有可能重归失败。

王安石在《伤仲永》中曾经讲到过这样一个故事。是说一个名叫仲永的孩子3岁便学会了作诗，于是他的父亲便整天带着他到处卖弄，村里的秀才、举人看了也是大加褒奖，称其："文理皆有可观之处"，这让仲永也觉得自己很了不起，结果便不思读书，整天放任自己。等到七八岁时，人们都说仲永的文采不如从前，可是仲永与父亲却并未在意，到仲永16岁时，作诗的能力已大不如前。

可见放弃努力不仅仅会使人裹足不前，还有可能导致能力的退化，一旦放弃努力，那么失败就会随时光顾，所以坚持努力不仅是为了争取成功，更是为了给自己的明天一个交代，带着永不放弃的态度去做事，那么对我们来说就是一种胜利。

尽力"成为某一个人"是没有用处的，你就是你现在这个人。

大自然有着物竞天择的法则，老虎常常因为争夺领地或是雌性虎而被撕咬得伤痕累累，但是作为森林之王，这种血肉的拼搏却是一种权与力的象征，一种威严耸立于自然之中的气势。相反，一只羚羊的生活看起来就要平静得多，没有过于残酷的权力相争，也少见血肉交锋的惨烈场面，但是这也注定了羚羊在自然界中的弱者的地位，在奔途中渐渐老去，抑或成为食肉动物的口中之食。羚羊的生命之旅脆弱得近乎可有可无，而一只老虎的诞生却总会为自然界带来一股威武之风。在自然界，老虎就是老虎，羚羊只能是羚羊，即便再强悍的羚羊，也无法化身老虎的角色。

但是在人类社会却不同,每一个人都有做老虎的潜质。然而面对社会"残酷"的淘汰制度,人们却总会呈现出不同的生存状态,有人一直在努力做一只老虎,希望在世界上彰显自己的生命价值,也有人甘愿做一只平庸的羚羊,习惯穿梭于世事间寻求一片宁静与安详,细水长流地体味生命。当然每一个人都有自己的生存方式,但是既然有机会做一只老虎,我们为什么不去好好享受和利用呢?

也许有人会说:"现实哪有自然界那样简单?"其实每个人都有自己的人生位置和社会位置,成为一只老虎的含义并不是真正对别人称王,而是要对自己称王,正如有句话所说:"即便做一株小草,也要做最高最绿的那一株。"无论我们身处何种位置,我们都能找到强大自己的理由,无论我们做什么,我们都要尽最大努力发挥生命之光,使自己成为一个获赠上天重视的人。曾获得多项世界殊荣的残疾运动员张海东,就用自己的传奇经历书写出了自己的光辉人生。

1969年,在江苏启东一个偏僻的小山村里,一个男孩呱呱坠地,家人为他取名张海东,但是就在刚满周岁时,张海东却得了一场大病,高烧之后,他双腿瘫痪、无法直立,患上了小儿麻痹症。就这样,刚刚蹒跚学步的张海东就落下了小儿麻痹后遗症,从此成为一名终生无法站立起来的残疾人。

虽然无法站立,但是张海东并没有因此泄气,1987年,张海东为圆自己的运动梦,开始用业余时间进行体育锻炼。后来因为结识南京市盲人学校体育教师王兴江,从此张海东与举重结下了不解之缘,开始利用业余时间练习举重。因为当时没有专用的残疾人体育场地和训练器械,张海东完全牺牲了自己的休息时间,全身心地投入到训练当中。

为了参加老师的指导训练,张海东每天都要摇着轮椅,从家到盲校的简易训练棚往返十几公里,无论寒冬酷暑,还是刮风下雨,始终都没有放弃过一次训练。在天寒地冻的冬天,他有几次都因为路面打滑而连人带车摔在雪地里,但一爬起来,他想的第一件事就是训练。在酷热难耐的

炎夏，训练中的张海东常常被汗水浸透全身，手握杠铃不慎打滑，日复一日，每天的训练强度以数十吨计算。但是尽管如此，张海东却从来没有叫过累、说过苦，因为他知道自己想要走出一条自己的路，成为一个对社会有用的人，就一定要经历这场人生的艰苦跋涉。

1992 年，张海东在第三届全国残运会上夺得了举重金牌，1994 年，他在第六届"远南"运动会上获得了第一枚国际性的金牌。这个成长于偏僻山区的汉子，第一次在世界的舞台上证明了自己的个人价值。后来，张海东又分别在 1996 年亚特兰大残奥会、2000 年悉尼残奥会和 2004 年的雅典残奥会上获得金牌，并屡次打破世界纪录，他向世界宣告了一名中国残疾奥运健儿的风采。即便如此，张海东也一天没有放下过训练，即便是胜券在握的比赛，他也要反复练习，直到上场的前一秒钟。连他的教练也称赞他："张海东是一位难得的队员，他身体状态一直都很好。由于他下肢残疾，所以在举重时双腿是完全用不上劲的，全靠两个手臂。他的成绩连正常人都比不上，简直就是天才！"

经历了训练的艰苦和严峻的比赛，张海东由一个毫无方向感的孩子成长为世界体坛上的英雄，他用一双有力的臂膀，为自己的人生之船撑开了远航的风帆，在广阔的海洋中拥有了一片属于自己的海域。

每一个人的生命都闪耀着独一无二的色彩，只要积极发挥生命的能量，这种色彩就能为世界增添一道无可替代的美丽。在生活中不断寻求更加美好、更加强有力的自己，我们每一个人都将是世界上令人瞩目的光源。

学会用心理补偿克服自卑

当你喜欢你自己的时候,你就不会觉得自卑。

导致人们失败的因素有很多,自卑就是其中之一,而且是一个很重要的影响因素。自卑情绪常常让人失去坚持的勇气,很容易自暴自弃,漠视自己的能力,导致信念缺乏。信念缺乏不仅容易使人们产生退却心理,而且还会让人不知不觉地"中毒",成为埋没和扭曲个人能力的"凶手"。

我们极为熟悉的美国前总统尼克松,就曾因这种极度的不自信毁掉了自己的政治前程。1972年,尼克松竞选总统连任。尼克松在第一任期间政绩斐然,这让几乎所有的人都认为尼克松能再次竞选成功。但是尼克松本人却对当选十分缺乏信心,曾经有过的几次失败让他迟迟走不出心理阴影,他担心自己会再次遭遇失败。于是,他指派手下的人潜入竞选对手总部的水门饭店,在对手的办公室里安装了窃听器,事情发生之后,他又想方设法推卸责任,阻止调查,鬼使神差地做了让他遗憾终生的蠢事,虽然竞选得以成功,但是不久后便因此事被迫辞职了。就这样,本来胜券在握的尼克松因为不自信走下了政治舞台。

我们都知道,自卑的产生不仅与失败的经历有关,更来源于比较。在比自己优秀的人面前,人们难免会产生自卑情绪。其实这是人们的一种天性,自从一个生命呱呱坠地起,自卑情结也随之而来,通过后天的心理引导和鼓励,这种自卑感才得以规避和隐藏。如果一个人从小一直被冷落、打击、教训,那么就容易加剧和挖掘这种天性,使其成为一个自卑的

人。所以**是否能消除自卑，完全在于我们怎样调整心态。**

治愈自卑其实就是敷疗赞美和认同。美国心理学家威廉·詹姆士曾研究发现，一个没有受过激励的人，仅仅发挥其能力的 20% 到 30%，但是当他感受到激励后，能力就可以发挥到 80% 到 90%。如果一个孩子从小在一个被尊重、认同的环境下成长，那么他往往自信十足。

我们不是世界的轴心，不可能身边总有人称赞我们、认同我们，甚至有时候，我们还要承受来自外界的误解、压力和不认同，所以我们不能仅仅祈求来自外界的认同和称赞，更要通过自我心理补偿去摧毁自卑。那么如何进行心理补偿呢？

有这样一个故事：一个小女孩，家里很穷，没有漂亮的衣服和发饰，没有人夸她漂亮，所以她一直很自卑。在她 18 岁生日那天，妈妈给了她 20 元钱，让她给自己买礼物。女孩来到小店后，看中了一只 16 元的发饰，虽然这对她来说很贵，但是当她看到镜子里漂亮的自己、听到售货员称赞的话之后，她下定决心，买下了这个发饰。交过钱之后，她戴着发饰走了出来，她昂着头，觉得自己漂亮极了，以至于在小店门口和一位老先生撞了个满怀，她只是盈盈地笑着道歉，便快乐地跑进了人群。她走在街上，觉得很多人都在看她，她开心极了。走着走着她想：为什么不用剩下的 4 元钱再为自己买个好看的发卡呢？当她再次来到店里时，那位老先生对她说："我知道你会回来的，我们刚才撞到的时候，你的头花掉了。"

女孩走进小店和走出小店时并没有什么外在的变化，但是她却表现了完全不同的两个自己，一个自卑、退却，一个却快乐、自信，这就在于漂亮的头花所带给她的心理补偿，虽然她走出店后头花并没有在头上，但是她的内心早已被那朵大大的头花补偿和丰富了。可见，**不同的心理感受给一个人带来的变化有多么大。**

所以想要消除自卑，最主要的不是通过获得来自外界的赞美和认同，而是要自我认同、自我赞美，进行自我心理补偿。小女孩自信的建立看起

来似乎有些歪打正着,如果她早就发现头上已没有头花了,也许她就不会有这样一段个人的心理突破经历。这也是很多自卑者所担心和苦恼的,一旦他们主动下意识地去克服自卑,可能还是会被恐惧所笼罩,或是不敢做出改变,即便不断地对自己说:"我能行,我可以。"也还是难以摆脱自卑的困扰。

对此我们仍然可以借助"头花"的启示,如果你正在被自卑情绪所纠缠,那么你可以将自己臆想成所希望的样子,并置身其中用心去感受,相信自己的确是处在这样的环境下,然后带着这种良好的心理感觉去展开行动,不论是与人交流还是工作学习。想要摆脱自卑,就要学会这种自我冥想,并将它养成习惯。

在进行冥想时,你一定要时刻清楚冥想的意义,要运用冥想的感觉展开行动,而不只是自我陶醉,沉迷于冥想中的自己,否则不仅难以起到克服自卑的作用,还会让你故步自封,不思进取。

第六篇

宽容的心态是一种境界

适宜的宽容大度是一种关爱，恰到好处的热情待人是一种关怀，适时适度的问询则是一种慰藉，这些同样是需要掌握和拿捏的。如果过度宽恕，那么就成了一种纵容，如果热情的不是地方，反而成了一种照顾不周，同样难以关怀至人心，那么也就难以得人心。宽容是一种境界。如果我们能不计较他人的过失，设身处地为他人着想，或许在宽容的背后，还能感化一颗顽劣的心。宽容的人容易获取快乐的情绪，并不是他们天生有这种能力，只是在原谅他人的过错后，他们的内心会少了一份沉重的负担，多了一份惬意的愉悦。

宽可容人厚可载物

爱是无限的宽容；从微不足道的小事而来的心旷神怡；无意识的善意；完全的自我忘却。

地球这个蓝色星球一直以开阔的姿态运转，接纳万千物种的到来和每静候一次的气候变迁，对于地球所承载的厚重和宽广来说，我们每一个人都会用"伟大"去描述它的巨大。其实在我们生存的世界上，有一种东西比地球的体积更庞大，比世界的幅员更辽阔，这便是人类的心灵。**心灵是映射万物的根源，它的容积超过一切我们所能预见的庞大，有着可以无限发展的潜在空间，它所能容纳的量远远不是我们所看到的一切。一个心灵，足以容纳一个世界。**

阅山无数自成峰。一个人承事阅人无数，自然也会不断地迈向生命的顶峰，拥有可以感动世界的力量，如同地球承人载物的伟大。内心宽厚的人会在世界上发挥更大的生命光辉，学会用大度、宽厚的心态去面对世界，这便是一种生命的进步。古往今来，宽厚之人承载的不仅是人事景物，更是人类的进步。

美国前总统亚伯拉罕·林肯便是其中之一。幼年生活的艰苦和母亲的教诲，使林肯从小便懂得了宽容。饱览书籍的习惯，培养了林肯宽厚的处事姿态。这让成年之后的林肯不会因为一些无聊的人事纠纷而迁怒，正是这种大度的处世态度，使林肯在政治历史上书写了无比光辉的一笔。

在林肯竞选总统前夕，他在参议院进行演说时，一个参议员曾当众侮辱他说："林肯先生，在你开始演讲之前，我希望你记住自己是个鞋匠的

儿子。"林肯听后很平静地回答道:"我非常感谢你使我记起了我的父亲,他已经过世了,我一定记住你的忠告,我知道我做总统无法像我父亲做鞋匠那样做得好。"这让参议院里的气氛一下子紧张了起来。林肯又转头对那位参议员说道:"据我所知,我的父亲以前也为你的家人做过鞋子,如果你的鞋子不合脚,我可以帮你改正它。虽然我不是伟大的鞋匠,但我从小就跟我的父亲学会了做鞋子的技术。"接着林肯又对所有参议员说道:"对参议院的任何人都一样,如果你们穿的那双鞋是我父亲做的,而他们需要修理或改善,我一定尽我所能地帮忙。但有一点可以肯定,他的手艺是无人能比的。"说到这里,参议院里顿时响起一片掌声。

林肯执政时,有人对他对待政敌的态度表示不理解,并批评他:"你应该想办法打击他们,消灭他们才对。你为什么试图让他们变成朋友呢?"而林肯回答道:"我们难道不是在消灭政敌吗? 当我们成为朋友时,政敌就不存在了。"以友谊化解冲突,以宽容和解矛盾。林肯的宽厚与大度不仅让他在政治上功绩卓越,也赢得了世界人民的尊敬。为了纪念这位伟人,人们早在1921年便修建了林肯纪念馆,在纪念馆的墙壁上写着这样一段话:"对任何人不怀恶意;对一切人宽大仁爱;坚持正义,因为上帝使我们懂得正义。"林肯的名字早已超越了时间与空间的界限,被世界各国人民所熟知。一颗宽容的心灵所能承载的人与物,是无法用数字衡量的。

宽厚的心灵所产生的力量一直被世人传递和继承,容得起才有凝聚力,承担得起才有感召力,如此才有人类的进步。宽容即得人心,宽厚之人即便一挥手、一投足,那种力量也是巨大而不可抵挡的。

思想是心灵发挥巨大能量的源泉。心灵的容积如何,要看思想的广度如何,思想越是宽阔,心灵所能容纳的就越多。心灵是要靠思想去扩充的。宽容大度的处事姿态,来自宽容的心态,宽厚的心灵,更来自广阔驰骋的思维。思路开阔了,心灵也就跟着开阔了。所以想要拥有宽阔的心灵,便一定先要拥有开阔的思维,利用这样的思维学会广度思考,以意识

改变心态,由此获得宽阔的心灵。

　　培养宽阔心灵的方法不仅需要随时自我开解,更要从开阔眼界入手,丰富内心世界。书籍能培养一个人的心性,经历能历练一个人的心灵,用书籍丰富思想,在人生经历中不断完善自我,磨炼内心的坚韧和弹性,那么每一个人的心灵都能承载千人,容纳万物。

　　批评应当有与人为善的精神,不可求全责备。

　　进步来自学习,学习来自倾听,倾听则来自礼让。古人有言:"滋味浓时,减三分让人食;路经窄处,留一步让人行"。人与人相互礼让,是进步的表现,因相互礼让、接纳,才有了相互的促进和提高。在与人相处时为别人留下一定的空间和余地,适时倾听,我们的思想才不会始终局限在自己这个狭小的空间里,才能与外界的高效资源达到共融,获得自身的进步。以宽容的态度与人相处,才能见贤思齐;发现他人身上的闪光点,使自己拥有更多的智慧。

　　我国古代著名的思想家、教育家孔子,虽然学识渊博,但却始终以礼让、谦逊为做人之本。孔子与学生在驾车周游列国时,曾在去晋国的路上遇到一个七岁的孩童,这个孩童站在路中间挡住了孔子的车,于是孔子便对他说:"你不该在路当中玩,挡住我们的车!"孩童指着地上对孔子说:"您看这是什么?"孔子一看,地上的碎石瓦片上画着一座城。接着孩童又说道:"您说,应该是城给车让路,还是车给城让路呢?"孔子觉得孩童不简单,便问他叫什么名字,孩童答道:"我叫项橐,今年七岁。"于是孔子转头对学生说:"项橐7岁懂礼,他可以做我的老师啊!"

　　还有一次,孔子带着几个学生去庙中祭祀。庙门口放着一个非常引人注目的器具。于是几个学生便好奇地问孔子,孔子仔细端详了一会儿,对学生们说:"这是放在座位右边的器具呀! 当它空着的时候,是倾斜的,当它装满一半水的时候,就会自动摆正,但是当它装满水后,它又会再度倾斜。"学生们听过之后都不相信,于是孔子便叫学生们打来水,当众为学生们试验起来。当器具里被倒进一半水之后,器具果然自动摆正了。

第六篇　宽容的心态是一种境界

159

学生们看到后连连点头,这时孔子又让学生继续加水,当器具装满水后便又倾倒了。

这时孔子的弟子子路问道:"难道没有方法让它不倾倒吗?"孔子语重心长地答道:"要想不让器具倾倒,便要一直让它保持一半的水量。如此,一个人若想一生不倾倒,便要用退让的方式减少自满。

绝顶聪明的人,更应谨慎稳重,保持自己的智慧;功誉天下的人更应以谦逊保持功劳;勇敢无双的人,则应以谨慎保持自己的本领。做人就是要适当保持退让,保持谦逊,懂得接纳。"

与人相处,适当的退让不是懦弱,不是胆怯,而是一种进步,一种吸取外界资源的智慧。智慧的先知们并不是因为他们天生便拥有了令人惊叹的渊博知识,而是在于他们懂得以退为进,始终给自己留下学习的空间,在倾听、谦让他人中,不断学习他人身上的智慧之光,从而完善自己。

古希腊著名哲学家苏格拉底虽然才华横溢,常常被人称赞为学识渊博,智慧超群的人,但是他却总是表示:"我唯一知道的就是我自己的无知。"闻名世界的音乐大师贝多芬曾称自己"只认识几个音符而已。"科学巨匠爱因斯坦也曾评价自己"就像一个幼稚的小孩一样。"然而现实中的他们却是人类文明的推进者,理论的奠基人。这种退让的做人态度,使他们拥有了超乎常人的智慧。给自己留余地,才能不断地填充自我,丰富自我,而给别人留余地,其实也就是给了自己学习和获取智慧的机会,同样是为自己留下进步的余地。一个人对人礼让三分,懂得宽容他人,倾听他人,给予他人时间和机会,才有机会完善自己,使自己获得进步。

其实宽容本身也是一种智慧,一个人以礼让的态度为人处世,不仅可以带来融洽的人际关系,而且也为自己留下余地,使自己行不至于绝处,言不至于极端,有进有退,措置裕如,同时使自己生活舒适,心情畅朗。

明朝,山东济南人董笃行在京做官。一天忽然收到家人书信,称家中因盖房划地基与邻居发生争吵,希望他通过权力来平息此事。董笃行看

后立即回信,他在信中写道:"千里捎书只为墙,不禁使我笑断肠;你仁我义结近邻,让出两尺又何妨。"家人看后觉得有道理,便照做,让出了几尺,而邻居见状也自觉做法不当,也马上退让出了几尺。结果两家共让出八尺,待房子盖好后,中间就形成了一条胡同,被世人称为"仁义胡同"。

无独有偶,清朝康熙年间,大学士张英也曾遇到过与此类似的家事,张殿英家的邻居是与张殿英同朝供职的叶侍郎,两家因院墙发生纠纷。于是张老夫人便写信给张殿英。张殿英看后马上回信道:"千里家书只为墙,让人三尺又何妨?万里长城今犹在,不见当年秦始皇。"老夫人看过信后便命令家丁将院墙后退三尺。叶府得知此事也将院墙退后了三尺。于是张、叶两家矛盾消除,并成通家之谊。

几尺的让步带来的不仅仅是人心的舒畅,人际的和谐,更是人性的提升和完善。懂得宽容处事、宽厚待人的人,才是生活中最大的智者。给别人说话留下余地,你也许就会从别人口中得到你所不知道的知识,给别人留下展示自我的机会,你可能就会在他们身上发现你所不具备的智慧之处。凡事宽容,给别人留下可以相处的机会,也许你就能从中获得意想不到的宝贵收获。凡事礼让三分,多给别人留下一些空间,你便能从倾听中弥补不足,在和谐中提升和优化自我,感悟宽容所带来的智慧人生。将它养成一种处事习惯,我们便能不断获得提升和进步。

心灵悄悄话

在生活中,宽容的目的不仅仅在于原谅他人的错误,获得人际关系的和谐,更在于通过宽容的过程获取更多的人生智慧。

用包容和忘却来应对烦恼

聪明人不注意自己不可能得到的东西，也不会为它们烦恼。

大千世界，人事纷繁，人与人、人与事中间很难完全达到节奏合一。你也许已经努力许久也未能如自己所愿到达成功之彼岸，也许一个误会便导致自己与好朋友多日不来往，又或者你正在被工作上的事情搞得焦头烂额，其实这都是正常的，不要说自己与外界的沟通会出现不合拍，即便是自己与自己对话，有时也难免会无端心生不安与苦恼。一个人生活于世，遇到这样或那样的不如意，是很正常的事。但是如果你总是深陷这些不如意而无法自拔，常常为此而苦恼、烦躁，那么可能就是中了心灵和思想的负面"毒药"，自己把自己禁锢在了"滋生烦恼"的房子里，使自己与烦恼如影随形。因为可怕的负面思想就像温床，只要你开始烦恼，那么它便会借机批量滋生出更多让你心烦意乱的情绪，甚至让你无法摆脱，迷失方向，找不到房门在哪儿。更可怕的是，烦恼所带来的连锁反应不仅仅限于情绪的无限焦躁不安，**有些时候，烦恼更会成为破坏、泯灭幸福生活的凶手。**

曾经看过这样一个故事，是说一个男人因为在公司遭到老板的批评，回家后将怨气撒在了妻子身上，妻子觉得很委屈，孩子又因为一点小事不听话，于是正在气头上的妻子便打了孩子，而年幼的孩子更是觉得委屈，无处发泄怨气，便一脚踹在小狗身上，小狗吓得跑出家奔到马路上，恰巧对面来了一辆汽车，司机为躲闪狗而乱了方寸，结果一下子撞到了路边的行人，发生了交通事故。一个工作上的不如意，就这样迅速地演变成了生

活中的悲剧。也许这个故事带有一定的戏剧性和快进性，但是它的警示目的却很明显，男人的坏情绪引发了一系列的问题，如果他不把老板的话放在心上，不把公司的坏情绪带到家里，那么就不会导致不可收拾的结果，但是也不能排除妻子的责任，如果妻子能对丈夫多一些包容和理解，不为此而委屈、生发怨气，那么也不会出此事端。

可见，烦恼是生活的祸根。带着坏情绪与生活对话，便会污染生活的颜色，暗淡它的美丽。但是如果一个人在遇到烦恼时又不懂得打开包容理解之心，不懂得适当学会遗忘和忽略现实，那么这就更不可被原谅。虽然有些事并不能被我们所左右，但是我们可以左右情绪，左右事物在我们内心的位置和状态，任何事情一旦被我们放进心里，我们便有着比任何人都大的权力去决定它们对我们的影响。

史书《资治通鉴》里曾经讲述过这样一个故事：

勇武非凡的郭子仪一举扫平了安史之乱，功绩卓著，为复兴唐室立了大功，深得唐代宗李豫的倾重和厚爱，他为此将女儿生平嫁给了郭子仪之子郭暖为妻。

时间长了，小夫妻难免要拌嘴，一次两人吵架之后，气愤的生平公主摆起了皇室的架子，这让郭暖很是不满，于是也愤懑不平地回语道："不就是仗着你父亲是天子吗？有什么了不起的！告诉你吧，你父皇的江山是我父亲打败了安禄山才保全下来的，我父亲因为瞧不起皇帝的宝座，才没当这个皇帝！"

听到郭暖出此狂言，升平公主更是气不打一处来，于是便一气之下回了皇宫，将此事禀告了皇上。听了女儿的一番抱怨之后，唐代宗李豫却并没有为女儿打抱不平的意思，反倒是平静地说："你是个孩子，有许多事你还不懂。你丈夫说的都是实情。天下是你公公郭子仪保全下来的。如果你公公想当皇帝，早就当上了，天下就不是咱们李家的了。你不要因为郭暖说了一句话，就乱扣'谋反'的帽子，如果总是这样，你们的生活怎么

能过得好呢?"听了父亲的劝导后,升平公主也觉得有道理,气也消了,自己主动回到了夫君家。

后来这件事被郭子仪知道了,儿子口出狂言,几进谋反,这还了得。于是便叫人把儿子绑起来带到宫中,拜见皇上,请求皇上治罪。

但是唐代宗李豫却没有一点怪罪郭暖的意思,反而和颜悦色地劝慰郭子仪:"没什么大事,小两口吵架,说话过了点,咱们当老人的不要认真了,不是有句俗话说'不痴不聋,不做家翁'吗?装作没听见就行了。作为一家之主,对下辈的过失就装装糊涂吧。"郭子仪听后舒了一口长气,感叹唐代宗的宽容之心。

以糊涂之心,做明白之事,这才是生活的大智慧。适当地装装糊涂,不仅是应对烦恼最聪明的做法,而且也是促进人类进步的功臣。人们时常用"糊涂"的心看世界,便能忽略人情纠结、钩心斗角,保持人与人之间的和谐友好。在这种气氛下相互交流,便能高效沟通,探讨思想之精华,带来相互的提高、进步。更重要的是,一个人懂得适当用"糊涂"的心看世界,便能忽略许多无用小事的干扰,积存更多的精力去做自己的事,使自身潜能得到更大的发挥,从而提高自身的生命价值,书写更有意义的人生,为自己、为自己身边的人甚至为世界造福。

心灵悄悄话

其实糊涂只是心念的一转,心灵中一扇窗的开放和豁然,在烦恼时学会忘记,在愤怒时学会包容,忘记忧伤,就有快乐,忘记纷争,才有平和。

学会容忍

农业社会阶段在时间观念上，习惯面向过去看；工业社会的时间倾向是注意现在；而信息社会里，人们的时间观念倾向是将来。

随着社会的不断变迁，人类经历了历史长河的洗礼和磨炼，在无数次尝试与挫折中，人们发现可以吸引自己不断前进的只有"未来"。未来代表希望，代表新的开始，更包含不可预知的奇迹。人类的一切进步都与时间的下一刻有关，蒸汽机的发明，电灯的发明，基因学说的产生……世界上各种奥秘的探寻和揭示，都是人类在不断向前迈进的过程中实现和获得的。

没有人能在出生时就认识到自己生命的意义，但是随着心智的不断成熟，人们总会在生命的某一时刻幡然顿悟：**生命历程中已经经过的种种过往，其实早已成了永远不可更改的过去，牢牢地印在了与生命时刻相应的刻度上，而人们唯一可以改变的便是从"现在"开始之后的每一秒钟，如果人们愿意为之专注前行的话，之后的每一秒钟都将是奇特的。**

对一个人的现在来说，已经走过的人生之路，已经经历过的人事景物，无论是荣耀还是伤痛，都属于过去时了，同鲜活的充满挑战的未来日子相比，它们似乎显得暗淡了许多，除了过去可以带给我们自省和感恩，一切的精彩都只与未来有关。所以每一个人在现在时刻的生命，都应该是与过去划分开来的。如果我们的生命不为过去所牵累，而是一直与未来接轨，在每一个下一秒钟寻求突破和进步，那么注定会创造奇迹。台湾第 37 届十大杰出青年赖东进就是一个用生命书写奇迹的人。

现在的企业家赖东进事业有成，经营着一一家公司，家庭幸福美满，有贤惠漂亮的妻子和可爱的儿女，拥有着每个普通人都美慕的生活，但是，当时光倒退到40多年之前，有谁会想到那时的他还是一个跟着父亲沿街乞讨、四处流浪、以地为席、以坟墓为家的穷苦孩子。

赖东进从小出生在一个乞丐之家，父亲是个盲人，母亲和大弟弟都是重度智障，自从一岁多学会走路时，他便摇摇晃晃地跟着大姐去讨钱。全家居无定所，困难重重年幼的赖东进饱尝了生活的艰辛，寒冬酷暑、风吹日晒、雷电雨雪，都毫不留情地袭击着他小小的身躯。在他六七岁时，他又陆续有了好几个弟弟妹妹，作为长子的他不仅要讨饭以保证全家人的生活，还要照料不懂事的弟弟妹妹和严重智障的母亲。

由于居无定所，赖东进一家人四处为家，到处受人白眼和嘲讽，赖东进回忆道："我们最常住的地方还是坟墓地里的寺庙，和死人睡在一块，因为在那里不会遭受白眼，而且死人也不会把我们赶走。"由于没钱买鞋，兄弟姐妹都是整日打着赤脚，脚下磨了一层厚厚的茧；没有衣服，他们便四处收集，即便是丧葬人家的衣服他们也会欢喜地接受；乞讨到的食物也从来顾不得干不干净，如果是饿了，即便是土他们也会抓起来吃。好在赖东进的父亲听从了别人的劝告，在赖东进10岁那年，特地将他送去学校念书。为了保证一家人的生活，赖东进一天只睡两三个小时，白天到学校上课，回家给一家人煮饭、照顾弟弟妹妹和母亲，晚上还要随父亲到街边行乞。为了节省时间，他的作业便一直在街边行乞中完成。有一次赖东进在晚上不小心踩进了泥潭里，把一天行讨的钱都掉进了水里，结果遭到父亲一顿毒打。

极度贫苦的生活让赖东进饱尝了世间的艰辛，被别人侮辱也是常有的事。一次，他到一家餐厅乞讨剩菜，没想到不但没有讨到东西，而且竟然还被老板怒斥道："别在这儿妨碍我做生意！我就是喂猪也不给你，快走！"还有一次，他捧着书本到一家小吃摊乞讨，结果被老板娘赶了出来，说："哎呀！他在这附近行乞都这样说啦！不要给他，他是骗人的！"

人们的白眼和误解，嫌弃和嘲讽，生活的艰辛，都没有压倒赖东进，他

的成绩始终都是第一名。也正是因为聪明、勤恳和好学，读书时期的赖东进不仅获得了老师的关照，也逐渐得到了同学们的爱戴，由于常年的流浪生活，赖东进的跑步速度超过常人，在运动会上也总是拿第一名。就这样，赖东进读了初中又升了高职，再到一家防火公司做杂工，一家人的生活才有了改观。由于赖东进的表现出色，他不仅从杂工变为正式工，而且还被逐步提升，最后成为公司的厂长，后来成了家，有了儿女，他的生活就这样一步步出现转机，直到今天。

赖东进的人生经历完全可以用奇迹来形容，年少的沿街乞讨、居无定所；而今的事业有成，家庭美满，其人生处境的变化令人难以置信，但它确实真正发生了。其实，每个人的人生都没有定论，前一段的人生无论怎样，下一段的人生都是充满新奇和变数的，只要一直向前看，生命便会不断进步，前方的人生之路，才是值得我们追寻和探索的。

原谅那些伤害你的人，感谢他们练就了你坚强的内心；宽容那些有负于你的人，是他们撑大了你的胸怀，让你学会了容忍；理解那些与你作对的人，是他们让你学会了权衡和放下。不要再为过去的种种而浪费精力，因为你的前方还有很长的路需要走，许多的事需要你去做，过去的都已经过去了，关键是未来。

在现实中，不论是在生活、工作还是学习上，我们都应该懂得放下过去，养成过去的就放下、未来的要全力以赴的争取，这样我们才不会被过去的种种所牵绊，才能让自己的未来更加精彩。

第六篇　宽容的心态是一种境界

167

宽容是进入他人的生命视点

天下没有两片相同的树叶，也没有两个完全相同的人。人的性格、特长各有差异，在处理人际关系中不能强求一致。与人要和谐相处，就须全方位进入他人的生命视点，从各个角度体验他人之所感，体察他人之所思。这是一种修养，说到底是对待人生的态度，是有影响力的人的个性最高的境界之一，也是一种"容"、一种"德"。**"海纳百川，有容乃大"，宽容不仅对他人有益，对于自己，也是一种难得的体验和提升。**

1885 年 1 月 7 日，恩格斯的妻子玛丽·白恩士患心脏病突然去世。恩格斯以十分悲痛的心情将这件事写信告诉马克思，信中说："我无法告诉你我现在的心情，这个可怜的姑娘是以她的整个心灵爱着我的。"

第二天，马克思从伦敦在给曼彻斯特的恩格斯写回信。信中对玛丽的噩耗只说了一句平淡的慰问话，却不合时宜地诉说了自己的一大堆困境。原来肉商、面包商即将停止赊账给他，房租和孩子的学费又逼得他喘不过气来，孩子上街没有鞋子和衣服，"一句话，魔鬼找上门了"。生活的困境折磨着马克思，使他忘却了、忽略了对朋友不幸的关切。

正处于极度悲痛中的恩格斯，收到这封信，不禁有点生气。从前，两位挚友之间隔一两天就通信一次，这次，一直隔了 5 天，即 1 月 15 日，恩格斯才给马克思回信，并在信中毫不掩饰地说："自然明白，这次我自己的不幸和你对此的冷冰冰的态度，使我完全不可能早些给你回信。我的一切朋友，包括相识的庸人在内，在这种使我极其悲痛的时刻对我表示的同情和友谊，都超出了我的预料。你却认为这个时刻正是表现你那冷静

的思维方式的卓越时机。那就听便吧!"

收到信的马克思并没有为自己辩护,而是认真的自我批评。10 天以后,当双方都冷静下来的时候,马克思写信给恩格斯说:"从我这方面说,给你写那封信是个大错,信一发出我就后悔了。然而这绝不是出于冷酷无情。我的妻子和孩子们都可以作证:我收到你的那封信(清晨寄到的)时极其震惊,就像我最亲近的一个人去世一样。而到晚上给你写信的时候,则是处于完全绝望的状态之中。在我家里待着,见到房东打发来的评价员,收到了肉商的拒付期票,家里没有煤和食品,小燕妮卧病在床……"

出于对朋友的了解和信赖,收到这封信后,恩格斯立即谅解了马克思。1 月 26 日,他给马克思的信中说:"对你的坦率,我表示感谢。你自己也明白,前次的来信给我造成了怎样的印象。……我接到你的信时,她还没有下葬。应该告诉你这封信整整一个星期,始终在我的脑中盘旋,没法把它忘掉。不过不要紧,你最近的这封信已经把前一封信所留下的印象消除了,而且我感到高兴的是,我没有在失去玛丽的同时失去自己最好的朋友。"随信恩格斯还寄去一张 100 英镑的期票,以帮助马克思渡过困境。

波折已经产生,友谊经历着考验。其实人与人之间难免会出现一些摩擦,但这更能考验我们的友情,真正的朋友对于彼此之间的难处是会谅解的。马克思与恩格斯的友情世人皆知。在艰难困苦的日子里,他们相互支持,分担着彼此的忧愁,相互宽容,成为我们后人学习的典范和楷模。

宽容是智者的境界。越是睿智的人,越胸怀宽广,宽容大度。因为他洞明世事、练达人情,看得深、想得开、放得下;也因为他非常聪明地发现:"处世让一步为高,退步最即进步的根本;待人宽一分是福,利人是利己的根基。"

包布·胡佛是一位著名的试飞员,并且常常在航空展览中做飞行表

演。一天,他在圣地亚哥航空展览中表演完毕后飞回洛杉矶。正如《飞行》杂志所描写的,在空中300米的高度,飞机两个引擎突然熄火。由于技术熟练,他操纵着飞机成功着陆,但是飞机严重损坏,所幸的是没有人受伤。

在迫降之后,胡佛的第一个行动是检查飞机的燃料。正如他所预料的,他所驾驶的第二次世界大战时的螺旋桨飞机,居然装的是喷气式飞机燃料而不是汽油。回到机场以后,他要求见见为他保养飞机的机械师。那位年轻的机械师为所犯的错误极为自责。当胡佛走向他的时候,他正泪流满面。他造成了一架非常昂贵的飞机的损失,差一点还使三个人失去生命。你可以想象胡佛必然大为震怒,并且预料这位极有荣誉心、事事要求精确的飞行员必然会痛斥机械师一顿。但是,胡佛并没有责骂那位机械师,甚至没有批评他。相反地,他用手臂抱住那个机械师的肩膀,对他说"为了表示我相信你不会再犯错误,我要你明天再为我保养飞机。"

能够原谅他人的错误,这是心胸博大的体现。如果我们能不计较他人的过失,设身处地为他人着想,或许在宽容的背后,还能感化一颗顽劣的心。宽容的人容易获取快乐的情绪,并不是他们天生有这种能力,只是在原谅他人的过错后,他们的内心会少了一份沉重的负担,多了一份惬意的愉悦。

宽容是一种可贵的品质,一种崇高的境界,也是一种生存的智慧和仁爱的光芒。宽容是对别人的释怀,也是对自己的善待。正所谓"宽则得众"。

慈悲没有对手

恨你的敌人还是把敌人变成朋友？和你的敌人相互斗争或者老死不相往来,会得到什么呢？只能得到更多的误会和坎坷。然而从一个朋友那里可以得到什么:友爱和帮助,这些都是你成功路上必不可少的处世哲学。

从前,在一个偏远的山村,王姓与金姓两家是三代世仇,两家人一碰面,经常演出全武行。

一天傍晚,老王与老金从市集里出来,碰巧在返村的路上遇见了。两个仇人一碰面,倒没有开打。不过,各自保持距离,互相不搭理对方。两人一前一后走在小路上,相距约有几米远。

天色已经相当暗了,是个乌云蔽月的夜晚,走着走着突然老王听见前面的老金"啊"的一声惊叫,原来他掉进溪沟里了。老王看见后,连忙赶了过去,心想:无论如何总是条人命,怎么能见死不救呢？

老王看见老金在溪沟里浮浮沉沉,双手在水面上不断挣扎着,便急中生智折下一段柳枝,迅速将枝梢递到老金的手中。

老金被救上岸后,感激地说了一声"谢谢",然而猛一抬头才发现,原来救自己的人居然是仇家老王。

老金怀疑地问:"你为什么要救我？"

老王说:"为了报恩。"

老金一听,更为疑惑:"报恩？恩从何来？"

老王说:"因为你救了我啊!"

老金丈二和尚摸不着头脑,不解地问:"咦?我什么时候救过你啊?"

老王笑着说:"刚刚啊!因为今夜在这条路上,只有我们两个一前一后行走。刚才你遇险,倘不是你那一声'啊',第二个坠入溪沟里的人肯定是我了。所以,我哪有知恩不报的道理呢?因此,真要说感谢的话,那理当先由我说啊!"

仇恨会造成人与人的敌对,还会加重对生活的不安与忧虑,然而恨的反面就是爱。仇人也可能成为你的知己或贵人。

很久以前,犹太国王罗波安决定不久后就将王位传给三个儿子中的一个。

一天,国王把三个儿子叫到跟前说:"我老了,决定把王位传给你们三个兄弟中的一个,但你们三个都要到外面去游历一年,一年后回来告诉我,你们在这一年内所做过的最高尚的事情,只有那个真正做过高尚事情的人才能继承我的王位。"

一年后,三个儿子回到了国王跟前,告诉国王自己这一年来在外面的收获。

大儿子先说:"我在游历期间,曾经遇到一个陌生人,他十分信任我,托我把他的一袋金币交给他住在另一镇上的儿子,当我游历到那个镇上时,我把金币原封不动地交给了他的儿子。"

国王说:"你做得很对,但诚实是你做人应有的品德,称不上是高尚的事情。"

二儿子接着说:"我旅行到一个村庄刚好碰上一伙强盗打劫,我冲上去帮村民们赶走了强盗,保护了他们的财产。"

国王说:"你做得很好,但救人是你的责任,也称不上是高尚的事情。"

三儿子迟疑地说:"我有一个仇人,他千方百计地想陷害我,有好几次,我差点就死在他的手上。在我的旅行中,有一个夜晚,我独自骑马走

在悬崖边,发现我的仇人正睡在一棵大树下,我只要轻轻一推,他就会掉下悬崖摔死。但我没有这样做,而是叫醒了他,告诉他睡在这里很危险,然后我继续赶路。

后来,当我下马准备过一条河时,一只老虎突然从旁边的树林里跳出来扑向我。正在我绝望时,我的仇人从后面赶过来,他一刀就结果了老虎的命。

我问他为什么要救我,他说:'是你救我在先,你的仁爱化解了我的仇恨。'这……这实在不算做了什么大事。"

"不,孩子,能帮助自己的仇人,是一件高尚而神圣的事,"国王严肃地说,"来,孩子,你做了一件高尚的事,从今天起,我就把王位传给你。"

能帮仇人一把的人,一定会得到很多人的帮助。帮仇人一把,在你危难时,仇人也会帮助你。就像哈佛教授常对学生们说的:这世界上有永远的朋友,却没有永远的敌人。敌人一旦变成你的朋友,就会在你需要的时候成为你坚实的后盾。

畅销书作家托尼·希勒获得过美国侦探小说家大师奖。他第一次打工是做农场工,而且从中受益匪浅。

他14岁时,英格拉姆先生敲响了他们农舍的门。这个老佃农住在马路那头不远的地方,想找人帮助收割一块苜蓿地。这就是他得到的第一份有报酬的工作,1小时赚12美分,要知道这在1939年已经很不错了,那时还处在经济大萧条时期。

一天,英格拉姆先生发现一辆装有西瓜的卡车陷在自家的瓜地中。显然,有人想偷走这些西瓜。

英格拉姆先生说车主很快就会回来的,让托尼在那儿看着,长点见识。

没过多久,一个在当地因打架和偷窃而臭名昭著的家伙带着两个体格粗壮的儿子出现了。他们看起来非常恼怒。

英格拉姆先生却用平静的口吻说道:"哎,我想你们要买些西瓜吧?"

那个男人回答前沉默了很久:"嗯,我想是的。你要多少钱一个?"

"25美分1个。"

"好吧,你帮我把车弄出来吧,我看这价格还合适。"

这成了他们夏天里最大的一笔买卖,而且还避免了一场危险的暴力事件。

等他们走后,英格拉姆先生笑着对他说:"孩子,如果不宽恕敌人,就会失去朋友。"

几年以后,英格拉姆先生去世了,但托尼永远忘不了他,也忘不了第一次打工时他教给自己的东西。

一句善意的话语,化解了一次危险的暴力事件,同时还做了一笔绝妙的买卖,这不能不说是英格拉姆先生的高明、智慧之举。正如英格拉姆先生所言:"如果不宽恕敌人,就会失去朋友。"一句理解的话,一个善良的举动,背后是一颗宽容的心。

华盛顿作为上校时曾率领部队驻守在亚历山大市,他与一个名叫威廉·佩恩的人发生了冲突。原因是当时正值弗吉尼亚州议会选举议员,威廉·佩恩反对华盛顿所支持的候选人。据说,华盛顿与佩恩就选举问题展开激烈争论,说了一些冒犯佩恩的话。佩恩火冒三丈,一拳将华盛顿打倒在地。当华盛顿的部下跑上来要教训佩恩时,华盛顿急忙阻止了他们,并劝说他们返回营地。

第二天一早,华盛顿就托人带给佩恩一张便条,约他到一家小酒馆见面。

佩恩料想必有一场决斗,做好准备后赶到酒馆。令他惊讶的是,等候他的不是手枪而是美酒。

华盛顿站起身来,伸出手迎接他。华盛顿说:昨天确实是我不对,我不可以那样说,不过你已然采取行动挽回了面子。如果你认为到此可以解决的话,请握住我的手,让我们交个朋友。"

人非圣贤,孰能无过,过而能改,善莫大焉。

从此以后,佩恩成为华盛顿的一个狂热崇拜者。

故事中华盛顿主动淡化矛盾的处理方式相当恰当,这不仅为他消灭了一个敌人,还成功地赢得了一个朋友。**这样我们会发现得到朋友比树立敌人会得到更多的帮助与理解,在将来我们会发现,这些朋友都是我们人生路上的宝贵财富。**

当别人冒犯你时,将这种不满情绪堆积于心是有害的,反击回去或发泄给对方也非上策。如果人们能够抛开自己的偏见,以宽容的心对待生活,生活就会少了很多冲突与矛盾。

退一步海阔天空

生活中对待一些小事情不可过分较真,尤其对一些无伤大雅的小事,更是如此。俗话说:退一步海阔天空。当然,在原则性的问题或事关重大的问题上,决不可糊涂对待,迁就、退让。

一般情况下,小事糊涂者,大都轻权势,少功利,无烦忧,最终很容易成就大事;而大事糊涂,小事聪明者,往往属于朽木不可雕一类的范畴。所以,智者必是大事精明,一点也不含糊,而并不计较小事,得饶人处且饶人。

学会用乐观豁达的心态对待人事,才会拥有快乐和愉悦的心情。

关于智者和愚者在对待大事小事上的态度的区别,有这样一个有趣的故事:

一次,孔子在周游列国途中看到一高一矮两个猎人指手画脚、面红耳赤,好像在争论什么事。孔子上前询问原委,原来是为了一道算术题。矮个子的人说三八等于二十四,高个子的坚持说三八等于二十三,各持己见,争论不休,以至于几乎动起手来。

最后,两人决定请一个圣人裁定,并打赌说,如果谁的答案正确,对方就将一天的猎物给胜者。两人知道孔子是圣人,就请他来裁定。孔子叫认为三八等于二十四的人把猎物交给说三八等于二十三的猎人。这个人拿着猎物走了。

这种裁决,矮个子当然不答应,他气愤地说:“三八二十四,这是连小孩子都不争论的真理,你是圣人,却认为三八等于二十三,看样子也是徒

有虚名呀!"

孔子笑道:"你说得没错,三八等于二十四是小孩子都不争论的真理,你坚持真理就行了,干吗要与一个根本就不值得认真对待的人讨论这种不用讨论也明显不对的问题呢?"听了孔子的话,猎人似有所悟。

孔子接着说:"那个人虽然得到了你的猎物,但他却得到了一生的糊涂;你是失去了猎物,但却得到了深刻的教训!"

听孔子如此说,猎人连连点头称是。

大事明,小事愚,能够做到这一点的人,算是活出了人生的极致。不过,即使对待小事上宽容糊涂,也不能因此封闭起自己的心灵,一些无伤大雅的小事你可以当作视而不见,但绝不能心中无数。

所以,我们提倡在做大事的时候明察秋毫,在做人上不妨难得糊涂一点。为人做事最好宽容一些,万不可像红楼梦里的凤姐那样,机关算尽太聪明反误了卿卿性命。生活中很多时候,我们不妨放宽心胸,学会宽容,得饶人处且饶人。

生活中其实没有太多的意外,因为每一件事的发生都深藏着意义,一草一木都有来头。冥冥之中始终存在着一股神秘而微妙的力量,紧紧环扣住你的现在和未来,这条看似陌生的道路,时时有冲击,不断有背后的挑战,让你成长。只要不因渐行渐远而迷失大方向,仍然坚持着你的信念,继续努力走下去,不论个人的目标是否清晰,都要认真活过每一分、每一秒。

用心生活的前提,必须是时常拥有追求目标的自觉性。细心体味生活,时时审视走过的路,小心掌握各种经验所传达的信息,聆听冥冥之中的暗语,从小到大,都有人告诉我要活得好。"好"来自对自己和别人的一种自信和体贴。生活中的各种经验,不论是自我探索或是与他人交往,都会赋予生命不同的光彩。所以过"好"生活就要时时刻刻全力以赴向大目标冲刺,把它当作生活最高指令。人们常"胸中有了大目标,千斤重担不弯腰"。朝着目标奋斗前进,生活将变得多彩多姿。"大目标"可以

是理想、志向的代名词,俗话说:"有志者立长志,无志者常立志。"可见,志向应立得远大,这样使奋斗有余地。在大志向下面还可以细分出若干个目标,像里程碑一样,一个个树立在未来的路上。

生命应是一气呵成,发现自己已至中途而想抽身,绝对为时已晚,前尘往事都已如覆水难收,我们为何不能开始就放弃呢?

如果你能放弃原地踏步的念头,继续追求,不断成长,用心去走过生活,有一天你会突然发现,原来你已经不知不觉地达到了目标。

郑板桥有句名言:"聪明难,糊涂难,由聪明转入糊涂更难;放一着,退一步,当下心安,非图后来福报也。"

关爱和感激他人

漆黑的夜晚，远行的苦行僧走到了一个荒僻的村落，街道上络绎不绝的村民们在默默地你来我往。

苦行僧转过一条巷道，看见有一处昏黄的灯从巷道的深处静静地亮一晃一晃地朝他走来。身旁的一位村民说："瞎子过来了。"瞎子？苦行僧愣了，他问身旁的一位村民说："那挑着灯笼的真是一位盲人吗？"他得到的答案是肯定的。

苦行僧百思不得其解。一个双目失明的盲人，他根本就没有白天和黑夜的概念，他看不到高山流水，也看不到柳绿桃红的世界万物，他甚至不知道灯光是什么样子的，他挑一盏灯笼岂不令人迷惘和可笑？

那灯笼渐渐近了，昏黄的灯光渐渐从深巷移游到了僧人的鞋上。百思不得其解的僧人问："敢问施主真的是一位盲者吗？"那挑灯笼的盲人告诉他："是的，自从踏进这个世界，我就一直双眼混沌。"

僧人问："既然你什么也看不见，那你为何挑一盏灯笼呢？"盲者说："现在是黑夜吗？我听说在黑夜里没有灯光的映照，那么满世界的人都和我一样是盲人，所以我就点燃了一盏灯笼。"

僧人若有所悟地说："原来您是为别人照明了？"但那盲人却说："不，我是为自己！"

"为你自己？"僧人又愣了。

盲者缓缓向僧人说："你是否因为夜色漆黑而被其他行人碰撞过？"僧人说："是的，就在刚才，还被两个人不留心碰了一下。"盲人听了，深沉地说："但我就没有。虽说我是盲人，我什么也看不见，但我挑了这盏灯

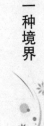

笼,既为别人照亮了路,也更让别人看到了我自己,这样,他们就不会因为看不见而碰撞我了。"

苦行僧听了,顿有所悟。他仰天长叹说:"我天涯海角奔波着找佛,没有想到佛就在我的身边,原来佛性就像一盏灯,只要我点燃了它。"

关爱是体现出对别人的关心理解和爱抚;感激在很多时候却是一种感恩的心情!生活中的我们不要对自己要求太多,更不要患得患失,不要斤斤计较,要学会理解、宽容别人,同时也更要学会感激别人,感谢你周围的亲人、老师、朋友等为你所做的一切,用一颗真诚期待的心去跟别人细心交流,享受那份坦诚与信任!

为别人点燃我们自己生命的灯吧,这样,在生命的夜色里,我们才能寻找到自己的平安和灿烂!

自己的幸福,外人是不善于发现,也难以体会得到的。

黄昏,马路尽头一辆自行车由远而近。骑车的男子在附近工厂打工,坐在后架上的妻子是一个智力不健全的女人,她不会照顾自己,只能寸步不离地跟着男人,而那位高高在上的丈夫像呵护自己的孩子一样对她关心备至。每天傍晚他们都准时从这里经过,再停下来走进商店挑一些糖果或小孩子的玩意儿。今天她会看中什么呢?

来到玻璃柜前,女人的眼睛盯住了一朵艳丽的丝绸花。说真的,这种大红花只适合幼儿园的娃娃戴,倘若出现在大人头上实在俗不可耐,但是男人毫不犹豫地买下,细心地别在女人的发辫上。

不少人围过来善意地议论,女人紧跟在男人背后,低头窃笑。那样子既像一个可爱的孩子,又如一位幸福羞涩的新娘。男人牵过女人的手在她耳边说了几句什么,扶着她坐上自行车后架,然后在众人的笑声中慢慢离去。

红尘多烦忧,这位疾苦女子却感受不到人世的纷争复杂,她的内心世界虽然混沌无知,却多了一份我们缺少的纯净透明,多了一份我们苦苦追寻的快乐满足。上帝最爱的是穷人。

艰难困苦,玉汝于成。年轻时的贫穷与磨炼是一生的财富。

一位父亲带儿子去参观凡·高故居,在看过那张小木床及裂了口的皮鞋之后,儿子问父亲:"凡·高不是一位百万富翁吗?"父亲答:"凡·高是位连妻子都没娶上的穷人。"

第二年,这位父亲带儿子去丹麦,在安徒生的故居前,儿子又困惑地问:"爸爸,安徒生不是生活在皇宫里吗?"父亲答:"安徒生是位鞋匠的儿子,他就生活在这栋阁楼里。"

这位父亲是一个水手,他每年往来于大西洋各个港口。这位儿子叫伊尔·布拉格,是美国历史上第一位获普利策奖的黑人记者。

20 年后,在回忆童年时,布拉格说:"那时我们家很穷,父母都靠出卖苦力为生。有很长一段时间,我一直认为像我们这样地位卑微的黑人是不可能有什么出息的。好在父亲让我认识了凡·高和安徒生,这两个人告诉我,上帝没有这个意思。"促使他成功的无疑是那两位贫贱的名人。

从他们这一类人的故事中,你是否发现这样一个事实:造化有时会把它的宠儿放在下等人中间,让他们操着卑贱的职业,使他们远离金钱、权力和荣誉,可是在某个有意义、有价值的领域中却让他们脱颖而出。

人们常因自己角色的卑微而否定自己的智慧,因自己地位的低下而放弃儿时的梦想,其实造物主常把高贵的灵魂赋予卑贱的肉体,就像我们在日常生活中总是把贵重的东西藏在家中最不起眼的地方。

低一下头,明月春风;退让一步,海阔天空。

既然退一步能海阔天空,我们为什么还要去选择悬崖峭壁的绝境?

在 M 很小的时候,不知是谁出一道智力题:飞机在高空中盘旋,目标紧紧盯住装载紧急救援物质的卡车,就在这危急时刻,前面出现一个桥

洞，且洞口低于车高几厘米，问卡车如何巧妙穿过桥洞。

20多年过去了，这道并不难的题，他早就知道了答案——把车轮胎放掉一部分气即可。但他却时常品味这道叫人常品常新的"难题"。这样的问题，在生活中也遇到不少。开始时不是一筹莫展，搞得焦头烂额，就是硬往前撞，哪管它三七二十一，死了也悲壮。这固然表明一个人有勇气和自信，但往往会适得其反，事情会扯不清理更乱。毫无价值的牺牲，最终受害的是自己，随着"吃堑"的增多，也长了些许的"智"，在每逢遇到类似的难题时，他就会如文中开头的司机那样，给车胎放一点气——低一低头。

纵观历史，也有借鉴的镜子。三国刘备再三低头：从三顾茅庐到孙刘联合，每一次低头，都会踱到"柳暗花明又一村"，终于做成"三足鼎立"中的辉煌。越王勾践深深低下高贵的头，以卧薪尝胆收回旧山河。这些是古人的典范。还是回到我朋友经历的一个现实吧！

漫漫人生路，有时退一步是为了踏越千重山，或是为了破万里浪；有时低一低头，更是为了昂扬成擎天柱，也是为了响成惊天动地的风雷；如此地低一低头，即便今日成渊谷，即便今秋化作飘摇的落叶。明天也足以抵达珠穆朗玛峰的高度，明春依然会笑意盎然傲视群雄。

心灵悄悄话

生活中，我们周围有很多东西是值得去关爱和感激的，我们关爱别人，别人关爱我们；学会关爱与感激，在平凡生活中体味温馨和幸福！

第七篇

塑造良好的心态

塑造良好的心态要乐天知命，知足常乐。古人云："事能知足心常惬。"老年人对自己的一生所走过的道路要有满足感，对退休后的生活要有适应感。不要老是追悔过去，埋怨自己当初这也不该，那也不该。理智的老年人不注意过去留下的脚印，而注重开拓现实的道路。同时要保持心理稳定，不可大喜大悲。

摆脱心理危机，调整心理，培养快乐的心态。形成积极的自我，挖掘潜能，重新调整人生的奋斗目标。要树立起消除焦虑心理的信心，充分调动主观能动性，运用注意力转移的原理，及时消除焦虑。

摒弃心田里的焦虑

端正对焦虑的认识,不要过于恐慌,懂得过度焦虑是解决不了任何问题的,只能增添烦恼,甚至是增加问题的难度,只有踏踏实实地做好每一件事情,问题就会得到解决,增强心理承受能力,提高自己的忍耐能力。

一位企业家由于投资不慎而破产。血本无归,妻离子散,使他成了流浪汉。他对于这一切无法面对、无法忘怀过去,越来越难过。最后,他想到了自杀。一个偶然的机会,他看到一本有关自信的书。这本书给他带来勇气和希望,他决定找到这本书的作者,请作者帮助他再度站起来。当他找到作者时,说完他的故事后,哪知作者却对他说:"我以极大的兴趣听完了你的故事,我希望我能对你有所帮助,但事实上,我却无能为力帮助你。"他的脸立刻变得苍白。他低下头,喃喃地说道:"这下完了,完了。"过了几秒钟,作者说道:"虽然我没有办法帮助你。但我可以介绍你去见一个人,他可以协助你东山再起。"刚说完这句话,流浪汉立刻跳了起来,抓住作者的手,说:"看在上帝的分上,请带我去见他。"于是作者把他带到一面高大的镜子面前,用手指着镜子说:"我介绍的就是这个人。在这世界上,只有这个人能使你东山再起。你必须彻底认识这个人,否则,你只能跳进维多利亚湖。因为你不能充分认识自我,你将是个没有任何价值的废物……"他朝着镜子向前走几步,用手摸摸他长满胡须的脸,对着镜子里的人从头到脚打量了几分钟,然后,退几步,低下头,开始哭泣起来……

几天后,作者在街上碰见了这个人,几乎认不出来了,他对作者说:

第七篇 塑造良好的心态

"我正要到你的办公室去,把好消息告诉你。那一天我离开后,找到了一份年薪3万美元的工作。老板先预支了一些薪水给我,我去买些新衣服,还给父母寄了一些钱。现在我又走上成功之路了。"他还兴奋地对作者说:"告诉你,将来有一天,我会将一张空白支票送给你,支票上的金额数字由你填上。因为没有你,我不会活到今天,更不会有美好的未来……"

后来,他果然东山再起,成了一位著名的企业家。像这样一个焦虑无比,甚至想要死的人,是自信使他战胜了焦虑不安、战胜了死亡。

要想彻底清除焦虑,最好的办法:要竖立自信的信心。每天重复性的工作,觉得自我价值难实现时,要自信;在目前的位置上,发展的空间到了极限,"触摸到了事业的天花板"时,要自信;提升的可能几乎为零,跳槽又找不到合适的工作,对自己的工作又失去控制时,要自信;在痛苦与彷徨中变得越来越糟,越来越焦虑,影响了生活时,要自信;对工作也越来越失去兴趣,又如此这般,陷入了恶性循环的怪圈,难以自拔时,要自信。在每个人的意识中,都隐藏着伟大的力量和潜能,让自信的心灵之光永远璀璨,不给焦虑留下半点空间。

焦虑时,不妨想一想"我为什么会这样?""现在,我能做些什么?"然后,满怀信心地付诸行动。之后,柳暗花明又一村。

现代工业化的社会带给人们的心理压力日渐沉重,无助、挫折、焦虑感,常常萦绕在心,让我们寝食难安、身心疲惫。特别是生活在大中城市,焦虑成了惯常的一种心态。

焦虑分为生理性焦虑和心理性焦虑。生理性需要药物治疗。心理性焦虑要靠自我调节来安抚心灵。

关于焦虑与自助策略,下面介绍几种方法,以供自助。

一、良好心态法。首先要乐天知命,知足常乐。古人云:"事能知足心常惬。"老年人对自己的一生所走过的道路要有满足感,对退休后的生活要有适应感。不要老是追悔过去,埋怨自己当初这也不该,那也不该。理智的老年人不注意过去留下的脚印,而注重开拓现实的道路,保持心理

稳定,不可大喜大悲。

二、自我疏导法。轻微焦虑的消除,主要是依靠个人,当出现焦虑时,首先要意识到自己这是焦虑心理,要正视它,不要用自认为合理的其他理由来掩饰它的存在。其次要树立起消除焦虑心理的信心,充分调动主观能动性,运用注意力转移的原理,及时消除焦虑。当你的注意力转移到新的事物上去时,心理上产生新的体验有可能驱逐和取代焦虑心理,这是一种人们常用的方法。

三、自我放松法。如果当你感到焦虑不安时,可以运用自我意识放松的方法来进行调节,具体来说,就是有意识地在行为上表现得快活、轻松和自信。比如说,可以端坐不动,闭上双眼,然后开始向自己下达指令:"头部放松、颈部放松",直至四肢、手指、脚趾放松。运用意识的力量使自己全身放松,处在一个松和静的状态中,随着周身的放松,焦虑心理可以慢慢得到平缓。另外还可以运用意念放松法来消除焦虑,如闭上双眼,在脑海中创造一个优美恬静的环境,想象在大海岸边,波涛阵阵,鱼儿不断跃出水面,海鸥在天空飞翔,你光着脚丫,走在凉丝丝的海滩上,海风轻轻地拂着你的面颊……

四、消除忧虑,摆脱焦虑法。出现了焦虑心理,无论轻重,应该及时找到开启心灵的有效钥匙,消除忧虑,摆脱焦虑心理困扰。学会自我安慰、自我鼓励与自我暗示,当预感到要发生问题时,要努力控制自己的情绪,警告自己不要往坏处想,还是好事多、好人多。善于分散自己的注意力,积极参加社会活动,找一些有意义的事情去做,会明显减轻焦虑心理。培养快乐的心态法:正视焦虑心理,不要掩饰它的存在。**摆脱心理危机,调整心理,培养快乐的心态。形成积极的自我,挖掘潜能,重新调整人生的奋斗目标。**要树立起消除焦虑心理的信心,充分调动主观能动性,运用注意力转移的原理,及时消除焦虑。

五、驱逐和取代法。当你的注意力转移到新的事物上去时,心理上会产生新的体验,新的体验可能驱逐和取代焦虑心理,拥有一片宁静清新的心灵天地,这是一种人们常用的方法。

六、创造内心平衡法。尝试创造一种内心的平衡感。心理学家认为，保持冷静是防止心理失控的最佳方法。而每天早或晚进行 20 分钟的盘腿静坐或自我放松术，则能创造一种内心平衡感。这种摒除杂念的静坐冥想能降低血压，减少焦虑感。有一项研究表明，过度焦虑烦躁的人每天花 10 分钟静坐，集中注意数心跳，使自己心跳逐渐变缓慢。10 个星期后，心理紧张均有一定程度的减轻。

七、正确评价过失法。我们无法驾驭内在生命，因为内在生命享有固有的自由。生活中出现了过失，关键在于我们的评价。心理学家荣格说："世界史上的重大事件根本是不重要的，说到底最重要的乃是个人的生命，因为生命创造一切。"认为某些"重大事件"比生命还重要，都是精神走火入魔造成的心理迷狂。

八、战胜焦虑，顺其自然法。也是个好方法，如果你知道能做什么、该怎样做，然后将自己的注意力倾注于目前的事情上，时时为所当为，一切顺其自然，一段时间之后，你会惊喜地发现：焦虑，已经被时间这味良药完全治愈了。为什么会这样呢？道理很简单，想彻底清除焦虑这株毒草，最好的办法：在心田里快些种上自信的种子。

九、深呼吸缓解法。紧张焦虑会导致呼吸不由自主地加快，从而导致"过度呼吸"。急促的过度呼吸会引起一些生理变化。如心跳频率和强度的增加，肾上腺素分泌增加，唾液分泌减少，恶心呕吐，肌肉抽搐等，这些变化都是来自自我调节的神经系统的反应，也就是说，你无法通过意识直接控制这些生理变化。所以，当你在焦虑紧张时，想通过意志让自己不冒汗、不心慌是十分困难的。你能做的一种最简单、最有效的努力就是控制呼吸。通过呼吸缓解焦虑。具体做法是：保持坐姿，身体向后靠并挺直、松开束腰的皮带或衣物，将双掌轻轻放在肚脐上，五指并拢，掌心向下。先用鼻子慢慢地吸足一口气，大约数四个节拍，然后慢慢吐气，也用四个节拍，每次连续做 4 分钟～10 分钟即可。也可以闭上眼睛做，边做深呼吸边想象一些美好的情景，效果会更好。除了在安静的环境中进行深呼吸外，也可以在看电视、走路、临考前去做。

十、肌肉放松法。紧张焦虑会导致二氧化碳和氧气在血液中比例失调,从而改变血液的酸性,引起钙在肌肉和神经中的急剧增加,令其敏感度提高,使人感到颤抖、紧张。因此,肌肉松弛法有利于缓解肌肉紧张。具体做法是:

1. 头部放松。用力紧皱眉头保持 10 秒钟,放松;用力闭紧双眼,保持 10 秒钟,放松;用舌头抵住上腭,使舌头前部紧张,保持 10 秒钟后放松。

2. 颈部肌肉放松。将头用力下弯,努力使下巴抵达胸部,保持 10 秒钟,放松。

3. 腹部肌肉放松。绷紧双腿,并膝伸直上抬,保持 10 秒钟,放松;将双脚向前绷紧,体会小腿部的紧张感 10 秒钟,放松……还有肩部、臀部、胸部等肌肉的放松。

所谓放松,是指努力体会肌肉结束紧张后的舒适、松弛的感觉,比如热、酸、软等感觉。可以在早晨醒来和夜晚睡觉前各做一遍。

心田里不给焦虑留下半点空间。在每个人的意识中,都隐藏着伟大的力量和潜能,让自信的心灵之光永远璀璨,不给焦虑留下半点空间。

第七篇　塑造良好的心态

从忧伤中解脱

在忧伤里感动，我们可以更深切地体会到生命的重量；在忧伤里独处，我们可以更真切地感悟到自我的存在，品味到心灵的孤独；在忧伤里回味，我们可以感受到生命成长的韵味，感受到性格成熟的体验。

忧伤像不请自到的魔鬼，即便我们厌恶它，它也会像魔鬼一样缠绕着我们。因此，若能采取积极的措施克服忧伤，就能从失败和绝望中走向成功。

"东篱把酒黄昏后……帘卷西风，人比黄花瘦"，是宋代李清照被思念所困的忧伤。"乱我心者，今日之日多烦忧"，是大诗人李白的忧伤。"剪不断，理还乱，是离愁，别是一般滋味在心头"，是南唐后主李煜的忧伤。

李月娥独坐一天，看着窗外天气由晴转阴，傍晚终于下起了沥沥小雨，李月娥感到忧伤像这天空的云，萦绕在心里，挥之不去。

老公总是说李月娥孩子气太重，不像一个成熟女人，其实，她认识他的时候，正是她想摆脱忧伤的时候，李月娥放肆地笑，夸张地闹，都是有意识地遮盖自己忧伤的心情。

李月娥原来认为，忧伤源于突发事件，过去了，便可以回到从前。可是过去了，才知道，既没有回到过去，忧伤还是依然，李月娥仍然无法从忧伤中解脱。

不少人劝李月娥："生活，是你的态度，是你的心情，是你的向往，为什么偏要忧伤？"有一天，她终于下决心抛弃忧伤，捡拾快乐。于是，阳光

下她眯起双眸,看鸟儿振翅天空的自由,看云儿风中的忽聚忽散的随意。月光下,李月娥仰起脸庞,看到夜空星光闪烁的温馨,看流星划过天空的辉煌。春天里,李月娥看到万物复苏的喜悦,看到百花争艳的快乐……

不知何时,忧伤离李月娥而去了。现在,李月娥夜晚思考自己的不完美,清晨告诫自己:"应该比昨天出色。"自己越来越好了,也就越来越快乐了。过去她认为富有的人才快乐。现在她体会到:"知足常乐"。

完全从忧伤中走出来的李月娥,回忆往日忧伤的经历,深有感触地说:"忧伤是一种微妙的情愫,像柔软的沙滩、神秘的森林、幽幽的山谷。当我目睹花开花落,回首往事烟云时,当我独自走进黄昏的田野,忧伤便像空气一样包裹着我,心头淡淡的忧伤荡漾着,剪不断,理还乱……"

忧伤,作为一种负面情感,表现为情绪低下,好忧愁,多伤感,易消极悲观。忧伤情绪强烈的人,很可能造成心理和生理上的严重损害。中医学指出:情绪忧伤,妄想过多,则导致"肝郁气滞、湿热蕴结,久而久之,肝脾两伤。"古医书《黄帝内经》明确指出:"悲哀愁忧则心乱,心乱则五脏六腑皆摇",还有"思伤脾、忧伤肺、恐伤肾"的记载。

忧伤,是一种牵挂,是一种等待,是一种执着,是一种迷惘,是对生命的一种回忆,是对信念的一次反问,是对自己的一份怜爱,是我们情感的凝聚,心路的历程。

忧伤,带来的也许是一种难言的苦楚,也许是一份落寞的疲惫,但我们又何尝不是在这苦楚中得到彻悟,在这疲惫里感受幸福。光阴荏苒,岁月留情,品味忧伤,就是体验心灵,品味忧伤,那是一份很独特的心境。

品味忧伤,只有在心灵独处的宁静中,在摆脱了担忧和牵挂时,才能真正地被品味,心灵才会深深地被触动。

小时候,李小文是个内向爱哭的孩子,总是让爸妈头疼,他没有一般孩子的活泼好动,总是一个人坐着发呆,乖巧得令人心疼。即使不开心了也不吵不闹,只是默默流泪。

李小文常常是无声地哭,独自垂泪。爸妈责怪他时,他也只是无声地睁着一双泪眼可怜兮兮地望着他们,却从不分辩也不反抗。于是妈妈总担心他的木讷与内向。

李小文怕与人接触,妈妈却怕面对他泪水汪汪的双眼,她常会叹息:"这么小的孩子,怎么就有这么深的忧伤?"是的,李小文内向、木讷、不爱说话、不活泼、爱流泪,还有很深很深的忧伤。

"少年不知愁滋味,为赋新词强说愁。"李小文第一次看到辛弃疾这诗句时,心里涌起更多莫名的忧伤。少年真的是不知愁滋味吗?应该说是大人不懂少年愁吧。少年的忧愁也许没有固定的界限,更没有太多的原因,只能说,生命中有很多忧伤是与生俱来的。时光飞逝,昔日那个内向、爱哭、忧郁的孩子也长大了。

生命中有些事是可以随着年龄的增长而改变的,像木讷,像内向;但也有很多是不会改变的,像爱哭,像忧伤。长大了,学会了掩饰,学会了用笑脸来掩饰自己,于是不再木讷内向,于是活泼起来。然而,心头常有一股莫名的冲动袭来,常会好想大哭一场,也许并不曾遭受什么伤害,只是不知为何悲伤。

忧伤,如同一股涓涓的细流,它流入李小文心里,源头却不知远在何方。如同一缕淡淡的凉风,它吹动了我们的黑发,却不知将在何处得以停歇……

李小文身边虽一直有成群的朋友,但还是常有孤独的感觉。在拥挤的人潮里,在喧闹的人群中,也常会突然涌起莫名的孤独感,就像刘德华《谢谢你的爱》里所唱"在人多时候最沉默,笑容也寂寞……"这是一种心灵的寂寞吧。李小文喜欢一个人静静地听听音乐,看看小说杂志,偶尔感应一下歌中的忧郁,书中的欢愉;又或者只是托着下巴静静地坐着,凝神走进遐想的隧道;夕阳西下,彩霞满天的时候,也喜欢静坐默对斜阳,说不出为何,也许只是追求一种情绪,一种朦胧,一份宁静……

李小文曾有过许多美好的梦，但总是被现实砸得粉碎，梦中的花环在无声中溅落，那点点滴滴的过往，清晰如昨，李小文知道现实不完美，又深知自己无法改变现实，于是忧伤如水……

李小文害怕一个人的寂寞，却喜欢一个人独处时的那份安宁。也许，人本来就是寂寞的。寂寞之余，就写信，写给朋友，说说心中的抑郁。然后放进抽屉，锁上成为一封不曾寄达的信。李小文写，只是为了寂寞，为了诉说忧伤……

人有快乐，更有忧伤，是成长的忧伤。成长是一种痛感的快乐，快乐中依然有着忧伤的影子。与生俱来的忧伤只能随着生命的成长而成长而不会消失。也许，生活中，快乐与忧伤是必须并存的吧。

忧伤，如同多变的春的阴郁，如同寂寞的秋的远思，它时常不经意的与我们敏感的心灵邂逅，走进我们年轻的心的成长历程中，它伴随着我们，如同孤独总是伴随着水手，它是甜蜜中的一丝苦涩。

一个年轻人四处寻找解脱忧伤的秘诀。

他见山脚下绿草丛中一个牧童在那里悠闲地吹着笛子，十分逍遥自在。

年轻人便上前询问："你为什么那么快活，难道没有忧伤吗？"

牧童说："骑在牛背上，笛子一吹，什么忧伤也没有了。"

年轻人试了试，忧伤仍在。于是他只好继续寻找。

他来到一条小河边，见一老翁正专注地钓鱼，神情怡然，面带喜色，于是便上前问道："您能如此投入地钓鱼，难道心中没有什么忧伤吗？"

老翁笑着说："静下心来钓鱼，什么忧伤都忘记了。"

年轻人试了试，却总是放不下心中的忧伤，静不下心来。

于是他又往前走。他在山洞中遇见一位面带笑容的长者，便又向他讨教解脱忧伤的秘诀。年轻人十分真诚地向老年人问道："老伯，您能告诉我解脱忧伤的秘诀吗？"

老年人笑着答非所问道:"有谁捆住你没有?"

年轻人答道:"没有啊?"

老年人又道:"既然没人捆住你,又何谈解脱呢?"

年轻人想了想,恍然大悟:原来是被自己设置的心理牢笼束缚住了。

诗人普希金在《如果生活欺骗了你》中写过这样一段话:"一切都是暂时的,一切都会消逝;让失去的变为可爱。"

那么,像这类四处寻找解脱忧伤秘诀的年轻人,如何做好心理自助呢?庸人自扰之这个故事,给了我们什么启示呢?

世上本无事,庸人自扰之。你为什么会痛苦?你为什么会忧伤?全是因为你有闲心、有闲工夫担心自己是否幸福而已。忧伤都是自己找的,要想从忧伤的牢笼中解脱,首先应该战胜自我。放下心中的忧伤,失去的就会变成美丽,失去就不会带来那么多忧伤了。战胜忧伤,最主要的是洗心静脑,做到"心无一物",放下心中的一切杂念。

一旦你的人生旋律中注进了不畏艰辛的音符,即使层峦叠嶂的坎坷山路,你也会奋勇攀登。卓越人的优点,是在不利的情况下,在艰难面前能百折不挠。

光阴荏苒,岁月留情,品味忧伤,就是体验心灵,咀嚼忧伤,就是回味生命。

心灵悄悄话

忧伤时,要学会宣泄。当你把困难看成是人生海洋里的层层恶浪时,一点儿小事就可能使你哀叹生活航道上的曲折艰难。

自信是成功的第一秘诀

　　人的价值是在不断地展现中被发现和挖掘的,而这种展示所需要的条件不仅是学识、技能等能力,还需要一个重要的因素,那就是自信心。如果一个人缺乏自信心,那么纵使才高八斗,学富五车,也会被自己的胆怯和不确定所埋没。自信是一种状态,更是一种气势,一个人带着自信的态度去为人处世,那么就能先声夺人,首先在气势上感染他人,为个人加分。姑且不管能力如何,这种自信的态度就是自我推销时一种很有力度的开场白。但是自信不是忘乎所以,不是无限度地夸大自己的能力,否则自信就成了一种自大,这不仅无法帮助我们增强个人气势,反而还会无形中使个人形象变得矮小受人鄙视。

　　自信不仅可以帮助我们正常发挥自身能力,甚至还能在不同程度上激发潜能,使我们表现得更加优秀,受人欢迎。世界著名经销商埃德温·巴恩斯就在十足的自信下开始了自己的成功之旅。

　　19世纪的一天,埃德温·巴恩斯从美国新泽西州的一列货车上跳下来,直接赶往爱迪生先生的办公室。秘书看到这个好像流浪汉一样的年轻人,疑惑地问他的来意,他信心十足地说道:"我将成为爱迪生先生的合伙人!"

　　秘书通报之后,巴恩斯竟然得到了与爱迪生见面的机会,并且成功地在一个小时后成为爱迪生实验室的一名员工,负责为爱迪生的工厂擦地板。五年后,巴恩斯真的成为爱迪生的合伙人,成为口授器的经销商,并因此获得了不小的财富。巴恩斯之所有能在五年时间内成为爱迪生的合

伙人,充足的自信是一个很重要的因素。

后来,爱迪生回忆起初次与巴恩斯见面时的情景时就曾说道:"他站在我面前,看上去就像个普通的流浪汉,但是从他的脸上能够看得出他充满信心,有备而来。与他共事几年之后我感到,当一个人真正渴望某件事的时候,他宁愿拿自己的一生做赌注来得到它,这样的人一定会成功。我给了他机会,因为我认为他有决心坚持到成功。事实证明,这些决定是正确的。"巴恩斯在与爱迪生后来的相处中,也一直延续着这种自信。

当时,爱迪生刚刚发明了口授器,对于这种新产品,爱迪生的很多推销员都觉得绞尽脑汁也很难销售出去,所以对此都不感兴趣。只有巴恩斯没这样想,他想如果能将这种机器卖出去,那么就很可能成为爱迪生的合伙人。于是他找到爱迪生说明了自己的想法,并对销售出产品表现出十足的自信,于是便获得了这个机会。后来,口授器竟然真的被巴恩斯卖了出去。于是爱迪生便与他签订了一份包销合同,合同要求巴恩斯负责这种口授器在全美国的销售,巴恩斯成了爱迪生的合伙人,他的人生也由此翻开了崭新的一页。

从开始近似冒失大胆的毛遂自荐,到一个小时的自我推销,再到后来提出帮助爱迪生销售口授器的请求,始终带着饱满自信的巴恩斯最终获得了爱迪生的肯定和认可,也获得了事业的成功。始终保持足够的自信,那么我们就能更快地被人们所认可。一个人拥有自信,就等于在自我推销时拥有了一封很好的自荐信。

爱迪生对巴恩斯的青睐不仅在于他拥有自信的状态,更在于与其拥有足以令人信奉的实力,如果巴恩斯当初没有卖出口授器,那么他的自信在爱迪生眼中可能就是一种自负,当然更不可能将产品的销售权委托给巴恩斯。

在表现自信态度的同时,还要向人们拿出足够的实力,这样自信才是有说服力的。

世界著名指挥家小泽征尔也是一个十分自信的人，而他所表现出来的实力，则更能让人信服。一次小泽征尔参加了世界优秀指挥家大赛的决赛，但是在指挥的过程中，他越来越觉得声音不和谐，开始他认为是乐队弄错了，于是就重新指挥了一遍，但是声音仍然很不和谐，后来他觉得是乐谱弄错了，但是在场的作曲家和权威人士给他的答案都是：乐谱绝对没有问题，是他错了。但是他凭着丰富经验和能力，越来越确定是乐谱出现了问题，于是他在考虑再三之后十分确定地说道："不！一定是乐谱错了！"他的话音刚落，评委们便纷纷站起来，热烈地向他表示祝贺，他取得了比赛的冠军。

　　原来，为了考察参赛选手是否拥有令人信服的综合实力，评委会特地制造了这种假象，而小泽征尔以十足的自信和卓尔不群的实力彻底征服了评委，这是一种气势，更是一种实力的证明。

　　因此加强自信的同时，我们还要不断提高自己的能力，使自己不仅能先声夺人，以气势赢得人们的驻足，也能以实力获得永久的关注。

　　人要正直，因为在其中有雄辩和德行的秘诀，有道德的影响力。

　　抓住了展示自己、推销自己的机会，就等于迈开了自我推销中非常重要的第一步，但是做好了这一步并不就是万事大吉了。如果你接下来的实力无法兑现你第一步的诺言，那么你的个人推销也将是失败的。要想始终保持个人魅力和影响力，并使其不断提升，你就要既顾及自己给予别人良好的第一印象，还要用实力说话，让别人认识到你的能力并非浮于表面，而是名副其实的。就像人们发现一件产品在使用时比当初购买时想象得还要好，那么产品自然会得到人们更多的喜爱和欢迎。

　　相比之下，进行个人推销会显得更加自如，每一个人都拥有无限的内在潜能，不断挖掘并发挥个人潜能，不仅是给自己带来新突破，也是在不断给人们带来新惊喜，这样我们就能获得更多的支持。其实这样做不仅是为了获得相应甚至更多数量的生存资料，更是为了通过自身资源换取更多的社会价值，使自我推销从自给自足发展到一种奉献的人格高度，从

第七篇　塑造良好的心态

197

单纯的实物影响力逐渐上升为一种无形胜有形的人心影响力。这样自我推销就被赋予了全新的意义,从而具备了更加广义的作用,既创造了有形价值的增长,也体现了人格的升华。曾任国家副主席的荣毅仁就是这样一位以个人实力赢得广泛影响力的政治家和实业家。

不论是通过影像图片还是亲眼所见,只要看到过荣毅仁先生的人都会发现,荣老先生总是给人一种温文尔雅、气质不凡的印象。一位记者曾经这样描述荣毅仁的形象:"身材高大、满头银发,一身法式双排扣西服,挺直的腰板,总给人以器宇轩昂的感觉。"

这就是荣毅仁给予公众的第一印象,作为一位政治家和实业家,其所表现出的外在魅力就能令人心生崇敬之情,从个人推销的第一步,荣老先生就做到了事半功倍,但是其更值得我们关注和敬仰的,还是他所表现出的个人实干魅力。

荣毅仁出身于家世显赫的荣氏家族,其父亲和伯父在 20 世纪初的中国被誉为工商业界的"面粉大王"和"棉纱大王",是当时中国最大的民族企业家之一。自从大学毕业之后,荣毅仁就开始接手经营庞大的家族企业,在个人事业的发展上占尽先机。但是与绝大多数经营庞大资产企业的资本家不同的是,荣毅仁的人生却并没有因此而局限于商业领域,不断增长的超群商业实力和无私的个人奉献精神,使得他一生之中不仅在商场中独占鳌头,在政治领域也是成效卓越,在商界和政界都拥有巨大影响力。

在新中国成立前夕,同多数资本家一样,荣氏家族的其他成员都纷纷离开了大陆,只有荣毅仁决定留了下来。1956 年,他又在一番深思熟虑后将自己的全部家族产业毫无保留地交给了国家,帮助振兴国家工业。将一个由父辈千辛万苦建立起来的家族产业交给国家,如果没有大无畏的态度和精神,想必是很难做到的。

因为企业为国家所带来的卓越贡献,荣毅仁在 1957 年被选为上海市副市长,并担任纺织工业部的副部长,当时为荣毅仁助选的国务院副总理

陈毅曾表示："因为他既爱国又有本领,应当选为国家领导人。"荣毅仁在政治领域的影响在于他的尽己所能,作为企业家,荣毅仁开创了新中国成立以来私归公的先河。

改革开放后,荣毅仁再度闯进商海,为了探索国际经济合作之道,他拿出自己的部分积蓄作为启动费用,成立了一个直属国务院的 CITIC 投资机构,为此,国家领导人邓小平更是三顾茅庐,邀请荣毅仁出任首任总裁。作为一个影响力巨大的实业家和政治家,荣毅仁个人所辐射的不仅是整个中国,更包括海外。不负国人所望,在公司成立第一年,荣毅仁就与国内 3000 多人进行了业务洽谈,并招待了 40 多个国家和地区多达 4000 名客人,不遗余力地网罗人才。凭着大上海资本家的经营谋略和中国政府的强大背景,荣毅仁很快使投资机构的实力发展到了所向无敌的地步,特别是他聘请前美国国务卿基辛格为顾问,更是脍炙人口的美谈。

从 1979 年到 1993 年,荣毅仁担任投资机构总裁职务 14 年,工作热情有增无减,将 CITIC 投资机构的触角伸到了法律、贸易、金融等多个领域,拥有贷款、进出口贸易、咨询、国际投标代理等多种业务,为国家的经济发展作出了巨大贡献。

1993 年,荣毅仁当选为国家副主席,再次由红色资本家转变为政治家,作为见证中国发展的有识之士,这些殊荣的获得不仅代表着其所作出的卓越贡献,更代表着其身体力行所产生的影响力。可以说,荣毅仁将自己的个人能力发挥到了巅峰。即便是在激烈的商业狂潮中,荣毅仁仍然始终如一地保持着个人内外的美好形象,提到他的为人处世,认识他的人形容最多的就是平易近人。

时任投资机构总裁期间,荣毅仁不仅经常邀请员工到家中做客,而且无论何时,对属下包括司机、清洁工都很和气,待人非常和蔼。即便是在当选国家副主席后,也仍然如此,自己上报的一张照片,也要认真地告知工作人员写上摄影师的名字。

有人说荣毅仁是"中国政治经济发展的一个缩影",是一个具有广泛辐射力的符号,这些称号实至名归。从温文尔雅的外在形象到知书达理的为人处世，从睿智经商到亲民做官，荣老先生所推销的不仅仅是一个和蔼的个人形象，更用个人价值写就了一个可以影响世代国人的传奇人生。这位伟人的一生，恰恰就是一个推销自我的成功范例。

在现实生活中，我们推销自我固然要从良好的个人形象开始，但是在形象背后，更值得我们重视的，就是潜能的发挥和实力与形象的匹配性以及所带来的实际影响力。

在自我推销中，我们除了要时刻注意个人气质的培养和良好个人形象的树立之外，还要十分注重内在潜能的发掘和发挥，两者共同发展，才能真正形成一种由内而外的个人魅力，才可能在一生的自我推销中获得成功。

心灵悄悄话

自信的气势可以在我们一出场就赢得一片掌声，但是仅有这种气势是不够的，如果没有足够的实力为这种气势做后盾，那么我们便无法真正说服别人。

乐观是心灵的阳光

人要学会以宽容的态度正视现实,既要宽容别人,也要宽容自己。李女士是一位个体业主,刚刚出现"个体户"这个名词时,她的生意已经做得有模有样了。

但是这几年,老人接连病倒,孩子上学又要花钱,生活的压力一下子大了起来。她的生意也没有以前红火了,她觉得自己的能力有限,什么都不如别人了。

从此变得愈来愈精神不振、心情沮丧、感情淡薄、自我谴责,满足感减少,对前途信心不足,总感觉疲乏无力,没心做事了……

张某,大三学生,就要毕业了,他面对就业的压力,心情十分复杂。他说:"我对自己的未来感到很迷茫,不知道该怎么办。一想到要步入这个竞争激烈的社会中,离开自己熟悉的环境和同学,面对不可知的一切,就感到力不从心,觉得自己什么都不行。心情也随之沉闷起来……"

后来,张某毕业很久找不到满意的工作,人变得愈来愈精神不振、感情淡薄、意志丧失、社交退缩、时常健忘、兴趣明显减退,对自己不满意,低估自己能力,对前途信心不足,做什么事情都打不起精神,张某愈来愈抑郁……

像以上这类情况,做好心理自助最好方法是积极的心态。积极向上的心态,对人生是至关重要的。

"一人赢,二人平,七人输",这是股市流行的一句话,做生意也是这

第七篇　塑造良好的心态

样,少数人赚了多数人的钱。在商场上,当众人想同一件事、做同一件事的时候,往往多数人成为输家。

不是他们想错了,做错了,是多数人成了金字塔的底层而已。运用金字塔原理,是成功的捷径。金字塔原理,其实就是"逆向思维"法。

这种"逆向思维"法,运用在商场上,有出奇制胜的效果。"众人皆醉我独醒"讲的就是这个道理。这种金字塔原理的思维方式,尽管可能用在商场,但不能用在生活和社会中,因为如果在生活和社会中采用,你会与大家不能相处,很痛苦,那又何必呢,人应该放弃一些非原则的东西,在生活上随大流好了。

振作精神,充实自己,用积极的态度面对失意,生活就会好起来。

乐观是我们心中的阳光,这种阳光构筑了我们生命的辉煌。我们在心灵阳光的照射下茁壮成长,正如花草树木在太阳照射下茁壮成长一样。

乐观是心灵的阳光,也就是说,生命的终极意义,其实仅是"快乐"二字。所以,无论高低贵贱,每天都开心地微笑的人,才是聪明的人,最快乐的人。衡量一个人智力水平,更切实际的标准,在于你能否每天、甚至每时每刻都真正幸福而快乐地生活。

日本的水泥大王浅野一郎,23岁从乡下来到繁华的东京时,看到有人用钱买水喝,感到很奇怪,水还用钱买吗?面对此情景,有的人会这样想:东京这个鬼地方,连用点水都要用钱买,生活费用太高了,怕难以久居,于是他离开东京。可浅野一郎并不这么想,他从这件事中看到了生机:东京这地方,连水都能卖钱,他一下子振奋起来,从此开始他的创业生涯,后来终于成为东京的水泥大王。

那些总是只看到事物阴沉黑暗一面的人,那些总是预测自己可能不利和失败的人,那些只看到生命中丑恶肮脏和令人不快一面的人,将受到致命的惩罚。

一群因地震被埋在废墟下的人们,各人的心态决定他们是否能在被

困情况下顽强地生存下去,直到营救队的到来。那些将境地视为绝境的人因意志崩溃而导致体内能量系统不能有效工作,身体机能逐渐丧失,在缺水缺食物的情况下,将是把他们迅速推向死亡的死神之手。而那些意志坚强,坚信光明终究会到来的人,体内会制造出永不枯竭的生命能量,帮助他们渡过难关。这就是乐观给我们提供的力量,它大到足以支撑整个生命。

乐观还能使我们产生超越常规思维的创造性灵感。我们要懂得利用乐观主义这一心灵的阳光,只有它才能为我们照亮光明的前途。只有乐观的心态才能激发那些与成功体验相关的思想。

一个人受过很高的教育,获得了很高的文凭,或者在某一方面成绩突出,如数学、科研、文学、从政或经商等,他就比人家"聪明"。在这种观念的驱使下,我们会一刻不停地往自己头脑中堆积各种先进的知识,埋头于无穷无尽的知识海洋中。忽然有一天我们才发现,我们拥有了知识,但却不会生活。

有的人尽管没有什么高学历文凭,但却机敏灵活,善于解决生活实际问题,会有一种成功和满足感。有时候有些困难难以解决,但仍然能够使自己保持精神愉悦,或至少不让自己不愉快,那么,这也是一种智慧。聪明的人懂得享受生活,甚至在苦中也能快乐。他成天都开心地笑着,满足地唱着,而愚蠢的人可能有能力解决问题,却无法融入生活,寻找快乐。

如果你想拥有财富,就不应该继续想着贫穷。如果你想拥有健康的体魄,就不应该想着疾病的身躯。如果你想拥有考试的成功,就应该抛弃测验失败的痛苦回忆。

你也做过许多辛苦的、不感兴趣的工作,可是做完以后你的心情就会大不一样:"太好了、干得这么漂亮"的那种满足感会让你非常兴奋,所以,积极地生活还是满腹牢骚,对你的精神影响是截然不同的。美国精神之父爱默生曾经说过,每个人都是天使。当即就有人指着自己的塌鼻子反问道:"难道天使也有塌鼻子吗?"另外一位可爱的女士也附和道:"我

的短腿也不会是上帝的创造吧?"

这位牧师微笑地回答说:"上帝的创造是完美的,你们也确实是从天而降的天使,只不过……"他指着塌鼻子的先生说:"你从天而降,但让鼻子先着地了。"他又指了指短腿的女士:"你从天而降时,忘记找降落伞了!"

每个人都是天使,我们不要因为在降落过程的失误而忘记了人们旅程的目标是传播爱和快乐。

谚语说,上帝为每一个人关掉一扇门的时候,总是打开了另一扇门。意思就是人人都有天赋,人人都有机遇。天无绝人之路,死有时只不过是一条回归天堂的道路而已。所以请不要埋怨自己的弱势和缺陷,而要把注意力集中在自己的优势上面,即关注自己所拥有的东西。这些自己拥有的优势才是你赖以生存和发展的基础。

天使们个个都不同,有的人掌管爱情,有的人掌管正义。每个人也是一样,都有一项来自上帝的完美才能。这种才能在使用中,能够获得极大的乐趣。

阿格·罗伯特是毕加索同时代的人。他和毕加索自幼就是神童,他出生在一个农场里,儿时也喜爱绘画,可是由于生活的艰苦,他被繁重的农活淹没了。在休闲的季节里,他一天花上好几个小时凝神注视着周围五彩缤纷的景物。整整50个年头,他没有动过一下画笔。直到他退休在家,积聚多年的才能喷涌而出,很快就达到了创作的高峰,在全国范围内举办过20多场个人画展,成为当时最杰出的画家之一。如果阿格·罗伯特先生能够早一些发现他的优势的话,很可能他就是另一个毕加索了。

人们常常花上几十年的时间从事某项工作,却很少花上几个小时考虑自己在这个工作中拥有哪些优势。优势或者天赋表现在你在持续地做某件事时,能够乐在其中。

优势并不一定都是某类工作，他更可能是工作中的某个方面，如做事谨慎，守纪律或者心细，如做人热情、威信、包容或者体谅。也可能是自己热爱的某个价值观念，如思考、成就、信仰、公正等。

一个医生从事本行业几年了，她每天照顾病人越来越感到心烦，她越来越不愿意和病人在一起了。她开始怀疑自己是不是入错行了。她反思自己，终于明白了，她喜欢照顾病人，只不过不喜欢照顾重病人，因为她对成就有不懈的追求，她喜欢看见自己照顾的病人日渐康复。于是她有意地选择照顾那些皮肤病者等轻症患病人，这样她的工作越来越快乐，她的病人也康复得很快。

优势在工作中的体现就是乐在工作。有的人以为工作和享受是两个完全不同的事情，工作是辛苦的，人们不得不从事工作是为了赚钱，而享受无比的快乐，却是要花钱的。

有一个人，他非常喜欢花艺，他除了在自己的后院里养上各种花之外，他还为邻居养花，给他们讲解花艺，让邻居们能够享受花带来的清香。这个朋友生活很清贫，因为他常常失业。邻居们聚集在一起商量了一下，决定聘请他来做他们的花艺师，每个星期都上门服务，为此他可以得到一笔养家的钱。他听说后，难以接受邻居的邀请，一下子人际关系变得紧张起来了。他认为，做快乐的事情是不可以赚钱的，工作一定是枯燥的。

有人说：干一行，爱一行。这不错。干工作一定要喜欢，你越是抱着快乐的心情去工作，你就越能够发挥自己的优势，你的为人处事就越会卓有成效。

每天，你都有两个选择，你可以选择一个好心情，也可以选择一个坏心情。在每天面对快乐和悲伤的选择时，心态乐观的人会毫不犹豫地选择快乐！

人们的快乐受自己的心态的影响极大。只要我们的心态是乐观的，快乐便容易找到。所以，要培养快乐的心态，当快乐成为一种习惯时，我

们便能永远快乐。

干一行,爱一行。选择自己最喜欢的工作,你就变得越快乐,你就更可能成功,甚至更可能赚上一大笔钱。如果确实不喜欢现在的工作,那么就要做一个选择:或者改变态度,快乐地工作,或者更换一个工作。

要干什么都能找着快乐,没有讨厌的事,即使是工作很辛苦,也不要抱怨,而是想想它的意义,想想完成它时的成就感。这样,你即使通宵达旦地工作,你的心情依然会轻松愉快。

用积极的态度面对失意

微笑,像穿过乌云的太阳,带给人们温暖,照亮人的心灵。一个人的微笑,比高贵的穿着更重要。笑容能照亮所有看到他的人。

面对生活中发生的一些挫折或不幸,与其垂头丧气地哭泣或哀号,不如把烦恼和恐惧放置一旁,微笑着唱支动听的歌,放松自己,也鼓舞他人。

行动比言语更具有力量,而微笑所表示的是:我喜欢你。你使我快乐。我很高兴见到你。这就是为什么宠物狗这么受人欢迎的原因。一个婴儿的微笑也有相同的效果。

你是否在医院的候诊室待过? 看着四周的病人和他们沉郁的脸。密苏里州雷顿市的兽医史蒂芬·史包尔博士提到,有一年春天,他的候诊室里挤满了顾客,带他们的宠物准备注射疫苗。没有人在聊天,也许每一个人都想了一件以上该做的事情,而不是坐在那儿浪费时间。大约有六七个顾客在等着,之后又有一位女顾客进来了,带着她9个月大的孩子和一只小猫。幸运的是,她就坐在一位先生旁边,而这位先生已等得不耐烦了。可是他发觉,那孩子正抬着头注视着他,并对他天真地笑着。这位先生反应如何呢? 跟你我一样,当然他也对那个孩子笑了笑,然后他就跟这位女顾客聊起她的孩子和他的孙子来了。一会儿,整个候诊室的人都聊了起来,整个气氛就从乏味、僵硬变成了一种愉快。

密西根大学的心理学家詹姆士·麦克奈尔教授谈到他对笑的看法时说:有笑容的人在管理、教导、推销上较会有功效。经常面带笑容的父母更可以培养快乐的下一代,笑容比皱眉更能传达你的心意。这就是在教

学上要以鼓励代替处罚的原因所在了。

笑的影响是很大的,遍布美国的电话公司有个项目叫"声音的威力",在这个项目里,电话公司建议你,在接电话时要保持笑容,而你的"笑容"是由声音来传达的。

拿破仑·希尔鼓励成千上万的商人,花一个星期的时间,每天都对别人微笑,然后再回到班上来,谈谈所得到的结果,便能感悟颇深,深受启发。看到拿破仑·希尔的建议后,纽约证券股票场的一名叫威廉·史坦哈的人曾有过这样的切身体验,下面是他写给拿破仑·希尔的回信:

我已经结婚18年多了。在这段时间里,从我早上起来,到我要上班的时候,我很少对我太太微笑,或对她说上几句话。我是百老汇最闷闷不乐的人。

自从我知道靠微笑的力量能改变我的现状后,我就决定试一个星期看看。因此,第二天早上梳头的时候,我就看看镜中我的满面愁容,对自己说:"你今天要把脸上的愁容一扫而空。你要微笑起来。你现在就开始微笑。"当我坐下吃早餐的时候,我以"早安,亲爱的"跟我太太打招呼,同时对她微笑。

这种做法改变了我的态度,在这两个月中,我们家所得到的幸福比去年一年还多。

现在,我要去上班的时候,就会对大楼的电梯管理员微笑着,说一声"早安";我以微笑跟大楼门口的警卫打招呼;我对地铁的出售票小姐微笑,当我跟她换零钱的时候;当我站在交易所时,我对那些以前从没见过我微笑的人微笑。我很快就发现,每一个人也对我报以微笑。我以一种愉悦的态度,来对待那些满肚子牢骚的人。我一面听着他们的牢骚,一面微笑着,于是问题就容易解决了。我发现微笑带给我更多的收入,每天都带来更多的钞票。

我跟另一位经纪人合用一间办公室。他属下有个职员是个很讨人喜欢的年轻人,我告诉他最近我所学到的做人处世哲学,并且为所得到的结果而高兴。他说,当我最初跟他共用办公室的时候,他认为我是个非常闷

闷不乐的人。直到最近，他才改变看法。并说当我微笑的时候，充满了慈祥。

我也改掉批评他人的习惯。我现在只赞美他人，而不蔑视他人。我已经停止谈论我所要的。我现在试着从别人的观点来看事物，而这真的改变着我的人生。我变成一个完全不同的人，一个更快乐的人，一个更富有的人，在友谊和幸福方面很富有，这些也才是真正重要的事物。从这位纽约证券股票场的工作人员的变化，我们可以看到，微笑对他的影响之大。如果你也想成为一个快乐人，不妨从现在起学会改变。

哈佛大学威廉·詹姆斯教授说："行动似乎是跟随在感觉后面，但实际上行动和感觉是并肩而行的。行动是在意志的直接控制下，而我们能够间接地控制不在意志直接控制下的感觉。因此，如果我们不愉快的话，要变得愉快的主动方式是愉快地笑起来，而且言行都好像是已经愉快起来……"

每个人心中都有一把"快乐的钥匙"，但我们却常在不知不觉中把它交给了别人去掌管。日常生活中发生的一些小事，很容易影响到我们的情绪起伏，但真正能决定我们快乐与否的，关键还在于自己的选择：选择快乐，就会真的感到很快乐；选择悲伤，就会真的感到很伤心。

每个人都希望自己是快乐的，可生活中的实际情况是，我们都太忙了，往往忙得把快乐这件事都给忘了。对很多人来说，生活中的最大困难就是，如何在平凡和简单中寻找到快乐。

生活中不是每个人每时每刻都是快乐的，大家都有伤心、低沉、失落的时候，重要的是我们能从失望和绝望的阴影中走出来，找到属于自己的快乐。

如果你不喜欢微笑，有人强迫自己微笑，如果你是单独一个人，强迫自己吹口哨，或哼一曲，表现出你似乎已经很快乐，就容易使你快乐了。

做个乐于忘怀的人，是聪明人的信条。特别是使自己不愉快的旧事，更应该善于忘怀。忘怀，是忙碌时的树荫。它让我们在燥热疲倦时有机

会休息，使体力恢复过来。

哲学家康德是一位懂得忘怀之道的人，当有一天发现他最信任的仆人兰佩，一直在有计划地偷盗他的财物时，便把他辞退了。但康德又十分怀念他，于是，他在日记上写下悲伤的一行文字："记住要忘掉兰佩。"

真正说来，一个人并不能那么容易忘掉伤心的往事。不过，当它浮现出来时，我们必须懂得如何使自己不陷于悲不自胜的情绪，必须提防自己再度陷入愤恨、恐惧和无助的哀愁里。这时，最好的方法就是扭头去专心工作，计划未来，或者去运动、旅行。

有时候，我们的悲伤和内疚是因为自己做错事引起的，这时可以用补偿的方法来帮助忘怀。例如用诚恳的道歉，或者用其他方法补救，使自己身心保持平和。

其实，生活中的担心、忧虑往往是多余的，许多事情都进行得很顺利，只有极小部分会出现点麻烦，如果我们想要快乐，只需集中注意力在那绝大部分的好事上，不去太在意那微不足道的极小的部分就可以了。有首禅诗是这样写的："春有百花秋有月，夏有凉风冬有雪。若无闲事挂心头，便是人间好时节。"

在南太平洋上一次激烈的战斗中，一位战士的喉咙被弹片击伤，生命危在旦夕。为了抢救他，主治医师给他输了七次血。在抢救过程中，他曾写了一张纸条问医生，"我还能活下去吗？"医生回答："没问题。"他又写道，"我还能讲话吗？"回答是肯定的。最后，他又写了一张纸条："那我还担心什么呢？"

只要能活下来，能开口讲话，就没有什么可担心的！这是多么豁达、乐观的人生态度！

生活中不顺心事十有八九，如果我们对每件事都担心不已，便不会有开心、快乐的时候。所以要想开心快乐地过日子，对一些不愉快的事就不要放在心上，让它随风而逝吧！

为了培养积极的生活态度,一定要学习忘怀之道。忘怀之道,可以使我们真正放下心中的烦恼和不平衡的情绪,让我们在失意之余,有机会喘一口气,恢复体力。脑子的作用,不只是帮助我们记忆,更是帮助我们忘怀。要排解多愁善感的情绪,把恼人的往事放在一边,不要让自己被种种纷扰所困,而要让愉快的心情时时陪伴自己。只有这样,我们才有良好的精神和体力去生活、去工作。

　　乐于忘怀是一种心理平衡。有一句话说:"生气是拿别人的错误惩罚自己。"老是念念不忘别人的坏处,实际上深受其害的是自己的心灵,搞得自己狼狈不堪,不值得。乐于忘怀是成功人士的一大特征,既往不咎的人,才能甩掉沉重的包袱,大踏步地前进。

　　从心理学角度看,无论你惦记的是快乐的往事还是悲愁憎恨,长期生活在过去的记忆里,就会与现实生活脱节,会严重威胁心理健康和心智的发展。

　　学习忘怀之道,把许多愤恨的往事放下,日子久了,激动情绪就会越来越少,心灵和精神的活力就会得以再生,就会恢复原有的喜悦和自在。

　　《圣经》里有句话,叫"施,比受更幸福"。就是说:我们从别人那里得到时,会觉得快乐;但当我们在给予别人时,会感到更大的快乐。因为,你在送别人一束美丽的玫瑰时,自己的手中也留下了持久、浓郁的芳香。

　　生活对50岁的黛比来说似乎显得有些残酷,丈夫去世不久,儿子又坠机身亡,她被悲伤和自怜的感情所包围,久而久之得了忧郁症,甚至产生了自杀的念头。一位智者劝她去做些能使别人快乐的事情。

　　可是,一个50岁的女人能做些什么呢?黛比想了一整夜,终于想到一个主意。她过去喜欢养花,自从丈夫和儿子去世后,花园都荒废了。她听了智者的劝告,开始修整花园,撒下种子,施肥灌水。在她的精心照料下,花园里很快就开出了鲜艳的花朵。从此,她每隔几天便将亲手栽种的鲜花送给附近医院里的病人。她给医院里的病人送去了爱心和温馨,换来了一声声的感谢。这些美好的感谢轻柔地流入她的心田,治愈了她的忧郁症。她还经常收到病愈者寄来的卡片和感谢信。这些卡片和感谢信帮助她消除了孤独感,使她重新获得了人生的喜悦。

有心理学家认为,1/3 的忧郁症患者,只要愿意帮助别人,就能够治愈自己。

人与人是密切联系着的,人群是一个整体,你伤害了别人,你心中的善便被恶所压倒,你自己也被愧疚、后悔、惊恐所折磨。因此,与人相处,一定要记住这一点,不管是对你的领导、同事、下属或顾客、朋友及家人,要做到让他们知道你关心他们的一切愿望。要实现这一目的的办法是用善意的、亲切的、温和的态度与人交往。那么,对方也会以此相报,这岂不是达到了和谐相处吗? 如同孟子所讲的"勿以善小而不为,勿以恶小而为之"。善的要义便是以诚待人,富有同情心,将心比心。

善恶之辨最能体现一个人的人格魅力。如果一个人仅凭自己的好恶而活着,那么他的自我感受也好,利害得失也好,都很难持久。

汉代王符在《潜夫论·慎微》中说:"积善多者,虽有一恶,是为过失,未足以亡;积恶多者,虽有一善,是为误中,未足以存。"

在漫漫的人生路上,你如果觉得孤寂,或者觉得道路艰险,那你不如每天都想办法能使别人快乐,这样快乐就会飞到你的身边,使你远离精神科医生。

事实上,我们每个人都能够以自己的一部分力量帮助别人。不管我们做什么工作,我们都可以在心中培养一种炽烈的愿望去帮助他们。一次微笑、一句亲切的话,或是发自内心的温暖的感激、喝彩、鼓励、信任和称赞就可让人感受到快乐。

当我们把自己的东西与别人分享时,我们留下的东西就会扩大和增加。因此,我们要与别人分享好的和值得向往的东西。帮助的人越多,得到的也就越多,甚至是重获生命。

卡耐基认为,多为别人着想,不仅能使你不再为自己忧虑,也能帮助你结交很多的朋友,并得到很多的快乐。

人是一种具有七情六欲的高等动物,在遇到困难和挫折的时候,我们需要的不仅是自我安慰,他人轻声地安抚和温热的手掌更是我们所渴求的。

　　无论何时,千万别忘了:决定我们内心快乐与否的,正是我们自己。一个成熟的人不仅能把握住自己的快乐,而且能将快乐与幸福带给别人。

　　一个人只有具有善的力量,才能吸引别人。在众多巨商的成功历程中,也许大家都会注意到,他们有一个共同的举措,即在发财致富中,注重解囊做各种善事和公益事业。

心灵悄悄话

　　去欣赏美的一切,去爱,去相信我爱的那些人会爱我。所以,创造快乐的主动权就在我们自己手中,只要我们愿意主动去创造,快乐将永无止境。

"吃"掉抑郁的情绪

几天前，张大夫接待了一位自称患了不治之症又求医无门的病人。患者是位年近四十的中年男士，这位李先生在某外资公司从事销售工作，由于工作关系，经常天南地北地跑，生活和饮食都很不规律。

三个月前，李先生经常感觉没有食欲，饭后感觉腹中胀气，还经常出现腹泻。

起初，李先生以为是一般的胃肠问题或脾胃不和，随便吃了些助消化的药物，很多天后，病情不但未见好转，反而越来越重。李先生去了很多家医院，腹部 B 超、纤维胃镜、消化道造影等检查都做遍了，未见异常，但不舒服的感觉像恶魔一样始终纠缠着他，李先生总觉得自己是得了胃癌一类的恶疾。

张大夫初步了解了他的病情，又向李先生询问了一些工作和生活中的事情。

原来，已近不惑之年的李先生每天至少要工作 10 个小时，晚上拖着疲惫的身体回到家，还要辅导儿子功课，经常是一边为孩子做听写练习，一边打瞌睡。工作和生活压力时常使李先生觉得喘不过气来，每天像上了发条一样，脑子里的弦绷得紧紧的，时间一长，他经常感到腰背酸痛、周身乏力，有时还会失眠。前一段时间，工作更加繁忙，竟又添了肠胃不适的新毛病。

张大夫聆听完李先生"诉苦"，又仔细分析了他的各项检查结果，最终将其诊断为：功能性胃肠功能障碍伴发抑郁症。李先生对诊断结果吃

惊不已,原以为自己是消化系统出了问题,怎么会是抑郁症呢?

其实,早在20世纪就有学者对情绪波动对人体胃肠运动的影响做过研究。研究显示,当患者情绪忧郁、恐惧或易怒时,可显著延缓胃的消化与排空,结肠运动也明显受到抑制。

那么,像这种因胃肠功能障碍伴发抑郁症,如何科学地"吃掉"呢?以下几个小吃法,供您参考:

鱼肉:吃鱼可改善精神障碍,使人的心理焦虑减轻。美国的学者曾经对精神障碍患者进行研究,结果发现患者在加服鱼油胶囊后发生抑郁症的间隔时间比只服常规药物的患者明显延长。

香蕉:香蕉含有一种称为生物碱的物质,可以振奋精神和提高信心。而且香蕉是一种称为"好心情激素"的复合胺和维生素 B_6 的最好来源,这些都可以帮助大脑减少抑郁情绪。

葡萄柚:葡萄柚不但香味浓郁,更可以净化繁杂思绪、提神醒脑;其所含的高量维生素 C,不仅可以维持红细胞的浓度,增强抵抗力,而且是参与人体制造多巴胺、肾上腺激素等"兴奋"物质的重要成分之一。

菠菜:菠菜除含有大量铁质外,更有人体所需的叶酸。人体如果缺乏叶酸,则会导致精神疾病,包括抑郁症和早老性痴呆等。

南瓜:南瓜能制造好心情,是因为它们富含维生素 B_6 和铁,这两种营养素能帮助身体所储存的血糖转变成葡萄糖,葡萄糖正是脑部唯一的燃料,能帮助人体维持旺盛精力。

低脂牛奶:美国的一项研究发现,让有经前症候群的妇女服用了1000毫克的钙片3个月之后,3/4的人都变得不太紧张、暴躁或焦虑。低脂或脱脂牛奶是钙的最佳来源。

在多吃上述食品的同时,秋冬两季尽量少吃肉,以防止过多肉食抑制"好心情激素"复合胺的合成。

勿大吃大喝:有的人在沮丧时喜欢大吃大喝,你可能一时觉得舒畅,但事后,你的身体将使你更加沮丧。必要时,走出户外,以抵抗想吃东西的冲动。

215

抑郁情绪是一种很常见的情感成分,人人均可出现,在我们出现忧郁情绪时,科学的饮食,能帮助我们克服抑郁情绪。

　　人的心理,像春天的原野,应当是阳光明媚,然而现实生活中,却常有些人心里笼罩着沉重的阴影,人们将这种状况称为心理阴影。我们只有努力唤醒我们心灵中沉睡的阳光,才能走出抑郁,彻底战胜抑郁,实现自己美好的人生。

　　爱好广泛者总觉得时间不够用,生活丰富多彩就能驱散不健康情绪,并可增强生命的活力,令人生更有意义。